基于BIM技术的绿色建筑施工新方法研究

宋 娟 贺龙喜 杨期柱 李 斌◎著

吉林科学技术出版社

图书在版编目（CIP）数据

基于BIM技术的绿色建筑施工新方法研究 / 宋娟，贺龙喜，杨期柱著 . -- 长春：吉林科学技术出版社，2018.4（2024.1重印）

ISBN 978-7-5578-3964-2

Ⅰ . ①基… Ⅱ . ①宋… ②贺… ③杨… Ⅲ . ①生态建筑—工程施工—应用软件 Ⅳ . ① TU74-39

中国版本图书馆 CIP 数据核字 (2018) 第 076103 号

基于BIM技术的绿色建筑施工新方法研究

著　　宋　娟　贺龙喜　杨期柱
出 版 人　李　梁
责任编辑　孙　默
装帧设计　韩玉生
开　　本　787mm×1092mm　1/16
字　　数　210千字
印　　张　13.75
印　　数　1-3000册
版　　次　2019年5月第1版
印　　次　2024年1月第3次印刷

出　　版　吉林出版集团
　　　　　吉林科学技术出版社
发　　行　吉林科学技术出版社
地　　址　长春市人民大街4646号
邮　　编　130021
发行部电话/传真　0431-85635177　85651759　85651628
　　　　　　　　　85677817　85600611　85670016
储运部电话　0431-84612872
编辑部电话　0431-85635186
网　　址　www.jlstp.net
印　　刷　三河市天润建兴印务有限公司

书　　号　ISBN 978-7-5578-3964-2
定　　价　88.00元
如有印装质量问题　可寄出版社调换

前 言
PREFACE

当今建筑业的能源消耗占据社会总能源消耗的很大比例，为了实现可持续发展，节约能源，绿色建筑的理念应运而生。绿色建筑是从开始设计到施工再到运营的整个全生命周期中，使用可持续发展理念的绿色建筑技术，使之成为节地、节水、节材、节能，为人们提供健康、适用和高效的使用空间，与自然和谐共生的建筑。在信息化时代的今天，用计算机辅助人们高效的工作已成必然，而 BIM（建筑信息模型）技术就是一种以三维信息化为载体辅助建筑行业设计、建造、运营的技术手段。

本书通过对 BIM 技术的特点及相关标准，绿色建筑设计的原则、目标和绿色建筑设计策略等相关基础理论研究，结合 BIM 的可视化设计、协同设计、信息互用、性能模拟等优势和特点，提出 BIM 技术在绿色建筑中的应用方法，解决绿色建筑在传统设计中存在的问题，介绍 BIM 技术在绿色建筑设计中应用的工作流程。本书将绿色建筑设计按时间顺序分为：设计前期、方案设计、初步设计、施工图设计四个设计阶段，并在每个设计阶段结合绿色建筑的设计要点，分析出 BIM 的应用点，然后提出相应 BIM 技术的具体应用策略。在设计前期阶段，应用 BIM 技术进行场地气候分析、场地建模、场地高程、坡度、排水等分析，最后进行场地的设计包括场地的平整、场地的道路设计；在方案设计阶段，应用 BIM 技术参数化、可视化的特点，结合日照、通风等性能模拟对建筑的体型、总平面布局进行被动式设计，然后以简单 BIM 模型为基础，进行性能分析对比选出最优方案；在初步设计阶段，应用 BIM 技术参数化、协同各专业对方案进行深化设计，并结合各种性能模拟进行设计的优化，以便达到绿色建筑评价标准中的要求；在施工图设计阶段，应用 BIM 可视化进行管线的排布，并进行管线的碰撞检查，为绿色施工做预备。

目 录

CONTENTS

第一章 概 述 …… **01**

第一节 BIM 技术研究背景、目的及意义 …… 02

第二节 BIM 技术的特点 …… 15

第二章 BIM 技术的研究内容、方法及技术路线 …… **19**

第一节 研究内容 …… 20

第二节 研究方法 …… 32

第三节 技术路线 …… 40

第三章 绿色施工与建筑信息模型（BIM） …… **49**

第一节 绿色施工 …… 50

第二节 建筑信息模型（BIM） …… 61

第三节 绿色 BIM …… 71

第四章 BIM 技术在建筑工程绿色施工过程中的应用实例 …… **79**

第一节 BIM 技术在建筑工程绿色施工中的应用价值 …… 80

第二节 BIM 技术在建筑工程绿色施工中的具体应用 …… 104

第五章　BIM 技术在建筑施工过程中的问题 ……………………………121

第一节　BIM 技术在建筑施工过程中的优点……………………………… 122

第二节　BIM 技术在建筑施工过程中的缺点……………………………… 157

第六章　BIM 技术的未来展望 ……………………………………………193

第一节　BIM 技术的推广……………………………………………………… 194

第二节　BIM 技术在建筑施工领域的发展………………………………… 202

参考文献……………………………………………………………………212

第一章 概述

随着我国经济的快速发展和信息化水平的不断提高，各行各业都面临着巨大的变革。随着物联网和智慧城市的兴起，以及数字化城市建设步伐的加快，传统的建筑业迫切需要尽快实现信息化和数字化。Building Information Modeling（BIM）概念的提出和引进为传统的建筑业和工程项目管理信息化指明了方向。在本书的第一章我们将就BIM技术的研究背景、目的、意义及特点进行详细的讲解，希望通过本章的讲解，广大读者可以对BIM的相关技术有所了解。

第一节 BIM技术研究背景、目的及意义

本节我们将就BIM技术的研究背景、目的及意义进行详细的讲解，希望通过本节的讲述，广大读者能够对BIM的相关技术知识有所了解，也为之后BIM技术与绿色建筑施工方法的介绍做好铺垫。

一、问题的提出

进入互联网时代，数字化信息技术已经给众多传统产业行业带来了翻天覆地的变化。数字化模型在制造业的应用历史已有很长的时间了，三维软件、数字化控制操作等新技术的使用和推广为制造业提高生产效率起到了重要的作用。但建筑业依旧处于信息化的较低阶段，同时随着智慧城市建设的加快，物联网和云计算技术等的广泛运用，都迫切要求传统建筑业加快信息化数字化进程。由于建筑规模不断扩大和建筑形式的日趋复杂，我国建筑行业现在流行和广泛应用的基于CAD技术的工程项目管理已经不能完全适应这种要求。建筑行业呼唤新的技术出现，以提高建筑业的信息化水平，并适应日趋复杂的建筑设计和工程管理的需求。一种新的理念与技术即建筑信息建模BIM(Building Information Modeling，后面没有特殊说明BIM都是指“Building Information Modeling”的简称）应运而生。

BIM最初只是一种理念，一经提出之后，在欧美等发达国家被逐步推广和运用到工程建设领域，从而引发了建筑业的革命性变化。经过不断完善和发展，目前国外BIM正在成为建筑业的主流技术和工程管理的有用工具，建筑业的BIM时代已经来临。BIM不是一个软件或一类软件的事情，它是信息化技术的一个集成，是基于全新理念的一种管理方式，其服务于建设项目的整个生命周期，主要包括设计、建造、运营维护几个阶段。项目各参与方可以通过这个信息平台协同工作、实现信息顺畅交流和不断集成，从而实现工程项目管理的主要目标：提高工程施工质量、节约投资、工期合理可控。同时其对于避免失误、减少变更，沟通协调等方面也具有传统技术无法比拟的优势。尽管我国的BIM应用还处在起步阶段，存在种种问题和困难，但是建筑业实现数字化信息化的趋势是不可阻挡的。同时基于BIM的工程项目管理也是今后工程项目管理发展的必然趋势，这也是物联网、数字城市、绿色建筑等发展理念对建筑业和工程项目管理的共同选择。

二、研究目的与意义

（一）研究目的

目前国内BIM在工程项目管理中的运用还仅限于个别大型项目，同时目前的运用大多仅限于项目建设初期即工程设计阶段，与BIM所倡导的全寿命周期综合应用的理念还有很大差距，离真正的普及和推广还相差甚远。本书的研究目的是：通过查阅相关文献，分析BIM的作用及其相对于CAD的优势，对BIM的运用现状进行总结和归纳。分析BIM对工程项目管理的作用；找出目前国内BIM在工程项目管理应用中存在的问题和障碍因素，制定相关的解决办法和对策，实现基于BIM的工程项目管理的普及和推广，真正实现工程管理乃至整个建筑业的信息化和数字化变革。

（二）研究意义

从工程项目全生命周期管理理论划分中可以看出，工程项目是一个从项目决策设计、到项目施工、再到项目运营维护的循序渐进的过程，每一个阶段都按照工程建设规律有序开展。同时每个阶段的工作又需要其他阶段的相关部门、相关专业的协调与配合。每个阶段工作的完成，都是下个阶段工作的开始。前面形成的信息就是下一步工作的基础，所以每个阶段都需要统一的信息采集标准和统一的信息发布渠道，以确保整个项目生命周期中工程信息的准确传递，并确保信息的完整与统一。对于工程项目各参与方来讲，工程项目的存在状态处在不断变化的过程中，在工程项目建设的不同阶段对工程信息的要求也是不同的，如何保证不同阶段项目管理工作对工程信息的需求，是工程项目管理过程中遇到的首要问题。

传统的基于CAD技术的工程项目管理信息传递经常出现信息的失真和错误，导致工程项目管理工作难以实现高效率和管理的精细化，这是传统工程项目管理实施过程中的一个困境和难题。BIM的出现和发展正在改变这种局面，国内外BIM的发展实践证明基于BIM模型的工程项目管理，通过相关BIM软件及其信息平台实现信息的实时交流，完成信息的共享与集成，并保持了信息传递过程中的完整性和准确性，能够实现工程项目建设不同阶段的信息共享和交流，减少信息传递过程中的失真和错误，使工程项目建设更加高效和流畅，并能实现工程管理的精细化，为工程项目管理的信息化打下了坚实的基础。本书研究的意义在于：通过阐述BIM概念和工作原理，分析了BIM在工程项目管理中的应用，建立了基于BIM的工程项目管理新模式，对于加快工程项目管理的信息化水平和经济效益具有重要意义。

三、国内外研究现状

（一）国外BIM的研究及发展现状

自BIM技术和理念产生至今，在各国政府的推动下，BIM的研究和运用获得了长足的发展。BIM在工程领域的应用得到不断扩展，从最初的单纯设计阶段使用，到项目全寿命周期使用，为工程项目建设的信息化进程做出了重要贡献。美国是最早使用BIM的国家，美国于2003年制定了国家BIM-3D-4D计划，之后陆续刊印了一系列的BIM运用指南。美国于2004年编制《国家BIM标准》，通过该标准实现BIM运用的标准化和规范化，实现了信息交流和传递的统一。该标准（Industry Foundation Classes）是为了满足建筑行业的信息交换与共享而产生的，是建筑行业事实上的数据交换与共享标准，用来解决建筑业所涉及的各个专业在BIM信息交换时数据格式不统一的难题能使BIM的开发和运用环节标准统一，实现所有基于BIM模型及相关软件信息的互联互通，推动基于统一标准的BIM的不断完善和发展。

在BIM的发展过程中，政府的作用举足轻重，许多政府都规定在国家投资的工程建设项目中必须运用BIM进行建设。随着BIM的应用越来越广泛，为了提升BIM在整个项目寿命周期的使用价值，规范BIM的发展，美国联邦政府于2009年制定了《BIM项目实施计划指南》，以规范BIM的运用。在此基础上又对BIM的具体工作流程不断细化和规范，对项目寿命周期各阶段BIM信息的发布和最终交付形式做了进一步规范。为了更有效地推进BIM的运用和推广，美国政府又针对BIM的技术规范和质量标准做了严格的界定，同时为了应对BIM运用过程中可能出现的纠纷和问题，专门制定了适用于该领域的法律及相关法规。在BIM运用方面，新加坡也是比较先进的国家，为了推进BIM的运用发展，把美国的BIM标准引进国内，建立了基于IFC网络审批政务系统。用法律把BIM技术作为建设依据，强制新加坡国内的大型的商业建设项目必须采用。新加坡政府在BIM运用中发挥了重要作用，政府投资的工程建设项目如果建筑面积大于5000平方米，其项目的建设必须采用BIM技术。这种手段大大促进了新加坡建筑领域BIM的广泛运用和建筑业信息化水平的提升。

在日本BIM也已经被广泛使用，并取得了很大的效果，在日本国内BIM软件企业很多，开发了大量的BIM软件，在企业中使用得也比较广泛。日本政府于2010宣布在全国推行BIM，同时制定了适合本国的BIM标准，并由政府层面进行推进。BIM在欧洲多国如：英国、加拿大、挪威以及亚洲的韩国、新加坡等也被广泛采用，随着各国纷纷制定适合本国国情的BIM标准，并不断规范BIM实施指南，新的基于BIM的工程管理模式正在迎来新时代。BIM正引发建筑业和工程项目管理领域的一次彻底的革命。

Autodesk公司在其发布的《Autodesk BIM白皮书》对BIM进行了如下定义：BIM是一种用于设计、施工、管理的方法，运用这种方法可以及时并持久地获得高质量、可靠性好、集成度高、协作充分的项目信息。Bentley公司《Bentley BIM白皮书》这本书中，Bentley将BIM定义为：BIM是一个在联合数据管理系统下应用于设施全寿命周期的模型，它包含的信息可以是图形信息也可以是非图形信息。

Graphi soft公司2003年2月发布了《Graphi soft BIM白皮书》，该报告认为：BIM是建设过程中的知识库，它所包含的信息包括图形信息、非图形信息、标准、进度及其他信息。美国建筑科学研究院在《国家建筑信息模型标准》中对广义BIM的含义作了阐释：BIM包含了三层含义，第一层是作为产品的BIM，即指设施的数字化表示；第二层含义是指作为协同过程的BIM；第三层是作为设施全寿命周期管理工具的BIM。被誉为BIM之父的Chuck Eastman教授在其著作中指出，BIM并不能简单地被理解为一种工具，它体现了建筑业广泛变革的人类活动，这种变革既包括了工具的变革，也包含了生产过程的变革。

（二）国内BIM的研究及发展现状

目前BIM在中国是个出现频率很高的概念，我国工程项目管理领域从2000年左右关注BIM技术。BIM被引进国内后，首先是一些专业机构和科研所开展了一些有针对性的研究，使BIM概念和理念被大家所熟悉，其次一些工程软件企业开始引进一些BIM软件，并开展相关的培训，之后很多专业学者开始针对BIM在我国的应用开展了相关的研究工作。随着BIM的研究深入和不断应用，一些国产软件企业也开始研制自己的BIM软件，同时由于工程建设的复杂性日益增加，国内一些大的工程建设项目开始逐步使用BIM做一些具体工作。目前主要在设计阶段运用较多。同时关于 BIM 的研究主要是针对工程项目的不同阶段展开的，主要包括 BIM 对工程进度、工程造价、工程设计的影响和作用。目前 BIM 在工程项目管理中的具体运用正在不断发展之中。

为了推动 BIM 的研究和发展，政府和许多协会与机构纷纷举办了关于 BIM 的研讨会、培训班等种种活动。一些软件公司也不断研发基于 BIM 的相关软件，如 Autodesk 公司开发了 Autodesk Revit Architecture 2010、Revit 2010、Revit Structure 2010 以及 Autodesk Navis works 2010 等众多软件。在国家和地方层面的不断推动和支持下，BIM 在建筑领域的应用正在逐步展开和不断推广。《建筑业信息化关键技术研究与应用》项目入选国家科技攻关“十二五”项目名单，该项目主张将 BIM 建筑信息模型作为实现建筑业信息化的手段，更是被住建部认可为建筑信息化的最佳解决方案。在国家“十二五”规划中，建设部发布的《2011–2015 年建筑业信息化发展纲要》中明确指出了建筑业在这段时间内的总体发展目标是：“建筑企业信息系统的普及应用，加快建筑信息模型（BIM）、基于网络的协同工作等新技术在工程中的应用，推动信息化标准建设，促进具有自主知识产权软件的产业化，形成一批信息技术应用达到国际先进水平的建筑企业。”

2016 年建设部发布的《2016–2020 年建筑业信息化发展纲要》里再次明确建筑业“十三五”时期的发展目标是：“全面提高建筑业信息化水平，着力增强 BIM、大数据、智能化、移动通讯、云计算、物联网等信息技术集成应用能力，建筑业数字化、网络化、智能化取得突破性进展，初步建成一体化行业监管和服务平台，数据资源利用水平和信息服务能力明显提升，形成一批具有较强信息技术创新能力和信息化应用达到国际先进水平的建筑企业及具有关键自主知识产权的建筑业信息技术企业。”从国家“十五”规划开始一直到“十三五”都在推进建筑业的信息化水平和 BIM 的发展，可见国家对 BIM 的发展高度重视。在理论研究方面，目前针对 BIM 的研究主要侧重在以下几个方面：

1. 对 BIM 软件体系的研究。这主要有何关培等人较为系统的对 BIM 的概念及其相关软件进行较为系统的研究，把BIM软件分成了两大类，BIM核心建模软件和其他软件；王珺的BIM理念及BIM软件在建设项目中的应用研究等。

2.BIM在设计阶段的运用研究。宋勇刚的BIM在项目设计阶段的应用研究；荣华金的基于BIM的建筑结构设计方法研究等。

3.BIM在工程项目进度管理中的作用研究。主要有李伟的对BIM技术的研究及其在建筑施工中的应用分析；张建平的基于BIM和4D技术的建筑施工优化及动态管理；李勇的施工进度BIM可靠性预测方法等。

4.BIM对工程造价管理的作用研究。主要有谢尚佑基于BIM技术全寿命周期造价管理研究及应用；朱芳琳的基于BIM技术的工程造价精细化管理研究等。

5.BIM在工程项目全寿命周期的影响研究。主要有宋麟的BIM在建设项目生命周期中的应用研究；赵灵敏的基于BIM的建设工程全寿命周期项目管理研究等。

6.BIM运用过程中的障碍研究，主要有何清华、钱丽丽等的BIM在国内外应用的现状及障碍研究；潘嘉怡、赵源煜的中国建筑业BIM发展的障碍因素分析；刘波、刘薇的BIM在国内建筑领域的应用现状与障碍研究等。同时国内已有许多工程项目已经采用了BIM技术，如2008年北京奥运会场馆的建设、上海虹桥国际枢纽工程、天津港码头等项目。不过目前国内的BIM运用主要集中在设计阶段，在项目施工阶段和后期的运营维护阶段则较少运用。同时由于国产BIM软件的缺乏和有关BIM标准的不统一，很少有基于项目寿命周期的全过程运用，要想在工程项目管理中普遍推广和运用BIM目前还有较大难度。

四、BIM理论及其概念界定

（一）BIM理论及其概念的内涵要素

BIM是Building Information Modeling的简称。从字面意思看就是：建筑信息模型。美国国家IFC标准对BIM的定义是："兼具物理特性与功能特性的数字化建筑信息模型，该模型所包含的信息数据是为项目的全寿命周期服务的，从项目的概念设计阶段开始到项目运营阶段都可实现信息的共享及集成。BIM发挥作用的基础是：项目各参与方在项目生命周期的不同阶段在 BIM 建模中进行的信息输入、获取、修改和整合过程，进而实现 BIM 模型信息的共享与集成，以支持和体现项目各参与方的职责。BIM 是基于国家统一标准的数字化信息共享模型，从而实现各项作业的相互协同。”基于上述定义我们可以从如下两个方面来对 BIM 进行界定。

1.BIM 是结果和过程的统一体。作为结果即：“兼具物理特性与功能特性的数字化建筑信息模型，该模型所包含的信息数据是为项目的全寿命周期服务的，从项目的概念设计开始就可以实现信息的共享。”这时 BIM 是作为信息模型结果，是作为一种产品信息的形式存在的。传统的 3D 建筑模型仅有物理特性，BIM 模型却同时包含了两个特性即：物理特性和功能特性，这就是 BIM 模型相对于传统技术的最大优势。在物理特性上，与传统的 3D 建筑模型是一样的，是可供观察和体验的；在功能特性，这是传统的 3D 建筑模型所不具备的，特指此模型所携带的该建筑的所有相关数字化信息。作为过程即：“BIM 发挥作用的基础是：项目各参与方在项目生命周期的不同阶段在 BIM 建模中进行的信息输入、获取、修改和整合过程，进而实现 BIM 模型信息的共享与集成，以支持和体现项目各参与方的职责。”这与美国查克伊士曼博士等人的定义（建筑信息建模是对于项目进行设计、施工和运营维护管理的一种新型方法过程……BIM 不是某一个软件或者某一种软件，它是一种管理具有众多不确定因素的项目施工过程的人为举措）是基本一致的。

除此之外，由美国宾夕法尼亚大学建筑工程学院的 CIC 研究小组的一项研究报告中给出了 BIM 作为建模过程的更贴切的定义：“BIM 是一种管理过程，其目的在于通过建设项目数字化信息模型的开发、使用和传递以提高项目或项目集的设计、施工和运营管理能力。”可见 BIM 是一个围绕项目建设寿命周期不断完善、不断调整逐渐充盈丰满的动态的信息采集过程。它是工程项目的整个寿命周期服务的信息化模型和数据库，不仅仅服务工程建设领域，在后期的运营维护阶段仍然能发挥重要作用。

2. 通过BIM能实现信息和数据的多维模拟。传统的CAD技术主要是平面的2D技术，只能通过简单地平面图像来表示建筑物，只有两个维度即长和宽。BIM模型则是动态的3D模型，除了长和宽之外增加了高度的维度，实现了图像的立体化，能够更为清晰地展现建筑物的所有特点，更加形象直观，在这个基础上可以增加更多的维度实现所谓4D、5D乃至ND。所谓4D即在三维的基础上增加了时间维度，可以进行时间方面的管理。5D在4D的基础上增加了成本的维度，便于我们进行成本控制。这样工程项目管理所有涉及的因素都可以加入BIM之中形成所谓的N维模型，以便更好地进行项目管理工作。

传统的2D模型只有长和宽的二维尺度，是用点、线、图形等平面元素来构建目标体，也就是长度和宽度。目前国内建筑领域的各类设计图和施工图的制作方法基本都是2D模型，就是目前工程项目领域占主导地位的CAD技术。在2D模型的基础上后来开发了传统的3D模型，多了一个度即高度（Height），从而实现了工程项目的视觉化功用，但不具备信息传递功能。由于没有相应的平台，项目参与方的信息交流只能是一对一的，这就造成信息在传递过程中不断地失真，造成各种错误的发生。当然上述两种模型都是以CAD技术为基础的，不能完全表达项目建设所需要的全部信息，经常出现错误。传统的CAD图纸不是数字化的图像，被人们形象地称为“聋哑图形”，在工程项目管理中要花费大量的人力物力对上面的图形进行识别和计算，这是一种繁重的体力劳动。工程管理和造价人员需要耗费大量的精力和时间来进行图形和钢筋算量，经常出现很多错误。

虽说CAD技术也在不断发展，能够实现多种建筑实体的有效整合，以此满足设计构件的需要，并具有更强的操作性。但最终的问题是：要修改和编辑整体几何模型却困难重重，同时单独的施工图无法与整体模型实现信息互通，导致信息传递失效，就更不用说实现同步化了。可以说传统的CAD技术已经达到了发展的极限，无法满足物联网数字化时代关于智慧城市建设的工程管理的需要，迫切需要新的数字化信息技术的出现，BIM应运而生。

BIM信息化模型的问世解决了传统2D及3D CAD模型在上述两个应用上的

瓶颈，可以实现实时、动态的多维模型的信息交流和修改，并且实现同步化设计，实现了人力物力的解放，提高工程项目管理的效率，提升了企业效益。

BIM 模式下的信息传递形式与传统形式相比有很大变化，BIM 参数模型不是一个软件或一类软件而是一个整体的系统。通过 BIM 核心软件把各个系统有机地联系在一起，组成一个体系。通过 BIM 信息平台可以对工程项目建设的各个阶段进行综合协调。同时所有信息一旦进入模型就会同步到各个子系统，所有数据都会同步更新和调整。BIM 整体参数模型可以涵盖建筑、结构、机械、暖通、电气等各 BIM 子系统模型，在项目实际施工开始前可以通过该模型查找各子系统间的矛盾冲突，一旦发现问题可以及时修改，最终在设计阶段都能解决，确保在工程施工时不会出现上述低级错误，提高管理效率。在项目实施过程中可以实现 4D、5D 模型所增加的进度控制及投资控制信息并与之关联，从而实现协调整个工程项目管理的目标。

另外，如果 BIM 模型要进行设计变更的话，BIM 的系统会在全系统内自动更新变更信息。这也正是 BIM 设计相对于传统 CAD 设计的优势所在。相比基于 CAD 图纸模式下费时费力，处理程序繁琐且易出错的弊病，基于 BIM 的设计体现出更多的智能化与便捷化。

最后，BIM 多维特性将可以跟工程项目管理进行无缝的对接，实现基于 BIM 的工程项目管理的集成化和高效化。在项目开工前，采用 4D 技术模拟施工验证施工计划的可操作性，降低后期施工时的不确定性。在施工开始后使项目经理有更多的精力来处理沟通和协调工作，而不是像以前一样，把大部分时间用于计划的调整和修改方面，真正实现加强项目控制，实现项目管理的最终进度目标。再加入造价方面的相关软件之后就可以进行 5D 模拟，能够根据项目不同阶段的投资控制目标对项目实现分阶段的实时造价控制。5D 以后的 ND 模拟将在绿色建筑、智慧城市、物联网等方面满足不同主体的更多更高的需要。如随着生活水平的提高，对建筑物舒适度有了更高要求；随着节能减排的需要，建筑物也需要满足一定的能耗标准等方面模拟等。

Building Information Modeling 中的 Building 一般从狭义上可以理解为建筑物，如果从广义上理解则有更广的内涵，一般代表了各类土木工程建设项目，这些项目既可以是建筑物也可以是构筑物。通过这种理解就更能说明 BIM 对工程项目管理的重要意义，BIM 可以在整个建筑业发挥作用，不仅是在房地产建设方面，对于所有的工程建设项目都有重要的指导意义。

（二）BIM 软件体系及其分析应用

1.BIM 软件体系

BIM 只有通过软件才能实现其功能，传统的 CAD 技术可能只需一个或几个软件就能实现功能，但 BIM 需要用一系列软件的相互支撑才能实现其功能，这是其与传统 CAD 技术的一大区别。首先是 BIM 的核心建模软件，这类软件可进行建筑物的具体设计和动画模拟。不过要实现 BIM 的功能除了需要 BIM 核心建模软件外，更离不开其他大量相关软件的协调与配合，所有这些软件统称为 BIM 软件体系。BIM 软件根据功能的不同可以区成以下两种类型。第一类：制作 BIM 模型的核心开发软件，主要是指各种 BIM 建模软件、BIM 方案设计软件以及和 BIM 接口的几何造型软件；第二类：基于 BIM 模型进行利用和二次开发的软件，主要是指其他各种利用 BIM 模型数据进行分析的软件。

2.BIM 软件的应用

在项目管理的不同阶段都可利用相应的 BIM 软件来获取数据并分析应用。如建立数据模型、结构分析、可视化运用、造价管理、进行碰撞试验、模拟施工、光照分析、运营管理等等，所有这些功能都可以在项目的不同阶段利用对应的 BIM 软件进行专业化的分析，从而实现项目的整体运用。

五、基于 BIM 的工程项目管理概念界定

在谈及工程项目管理并进行理论分析和研究的时候，一般有三个切入点，分别是针对工程项目管理模式的分析与研究，针对工程项目管理内容的研究和基于工程项目全寿命周期的阶段研究。管理模式侧重于管理的具体方式和手段；管理

内容研究一般侧重于三大控制即投资、进度、质量；管理生命周期研究侧重于项目的不同阶段来进行，一般分为三个阶段即决策设计阶段、工程施工阶段、运营管理阶段。本书的研究侧重点是基于工程项目全寿命周期的不同阶段开展，分析基于 BIM 的全寿命周期管理的作用和价值问题。后面书中如果没有特别说明，一般都是从这个意义上来论述和分析的。

项目寿命周期是项目从产生到灭亡的存在时间，一般项目寿命期的划分主要包括项目决策阶段、项目规划设计阶段、项目实施建造阶段和项目运营维护管理阶段。对于项目建设方也就是项目业主，在项目寿命周期内的不同阶段所进行的管理工作各不相同，在决策设计阶段主要是项目开发管理 (Development Management，简称 DM)，在项目施工建设阶段主要是业主方项目管理。

（一）传统工程项目管理理论

在现代以施工方为主的工程项目管理中，上述的 DM、OPM 和 FM 是三个相对独立的阶段，执行的主体是不断变化的。上述管理模式对业主和建设方来说存在很大的弊端。主要体现在以下方面：

1. 传统工程项目寿命期三个阶段的管理即：项目开发阶段、项目管理阶段和物业运营管理和维护不是相互关联进行的，彼此是个独立的系统，每个阶段都是基于自己的目标展开工作，都是以本阶段利益最大化为目标，项目的全寿命周期目标无法得到有效的贯彻和执行。

2. 传统工程管理是以合同规定的任务为目标进行的三大控制，至于项目建成后的运营与他们没有直接的关系，他们也不会去考虑企业的运营目标，导致项目建设的最终运营目标在不同阶段很难得到全面落实和实施，最终使项目建成后经常出现无法达到预期的运营目标。

3. 由于各个阶段相互独立缺乏有效及时的信息交流和沟通，在项目推进的不同阶段进行交接和传递过程中经常出现信息和数据的流失和缺漏，导致下一阶段的工作遇到许多本不应该遇到的问题和麻烦。也就是项目的相关信息无法实现真正统一的集成化管理。

4. 由于项目开发管理、工程项目管理和物业运营及维护管理是由业主分别与不同主体签订的委托合同，这些主体之间相互不存在合同管理关系，要实现他们之间的相互沟通和协调管理基本上是无法实现的。

5. 由于各阶段都是独立进行的，由没有统一的信息交流和转化平台，在不同阶段需要相关信息时可能要经过信息的多次转化和调整。在这个过程中造成信息的不断失真，同时也浪费了大量的人力物力，以及其他各种资源。难以实现基于整个项目寿命周期信息的自由流动和相互交流，导致效率低下，影响项目最终目标的实现。

（二）基于BIM的工程项目管理理论及其界定

基于BIM的工程项目管理(Life Cycle Integrated Management，简称LCIM)是一种全新的管理理念和方式。LCIM作为一种在BIM理念指导下的新的管理模式，在项目运营总目标的前提下对项目的各个子目标系统进行一体化信息化管理，通过BIM数据模型信息优势将DM、OPM、FM集成于BIM模型之中，进行工程建设项目的有效管理和控制。

我们利用BIM模型的特点把DM、OPM、FM都集成BIM模型中，把三个不同阶段的工作统一到一个平台上，实现信息和数据的无缝衔接和自由流动，克服了传统管理模式的缺点，更能实现项目的整体目标。在这个平台上项目的各参与方：业主、设计方、施工方、监理方和物业管理方，都可以对某个问题发表自己的意见和看法，这些意见和看法会通过统一的规则和标准及时进入BIM系统平台，相关决策主体也会第一时间得到信息，进行相应修改和补充，直到大家都满意。这样就实现了项目全寿命周期的综合参与，能够围绕项目的最终运营目标展开相应工作，并在不同界面实现整合协调功能。基于BIM的工程项目管理作为一种在BIM理念指导下的新的管理模式，充分发挥BIM在项目每个阶段的作用，实现项目的最终目标和效益。

第二节 BIM 技术的特点

BIM 技术是一项应用于设施全生命周期的 3D 数字化技术，它以一个贯串生命周期都通用的数据格式，创建、收集该设施所有相关的信息，并建立信息协调的信息化模型，作为项目决策的基础和共享信息的资源。在本节中，我们将重点介绍有关 BIM 技术的特点相关的内容，希望通过本节的介绍，广大读者能有所收获。

一、操作可视化

可视化是基于 BIM 技术在三维立体的信息化环境下，进行建筑的设计、管线碰撞检查和模拟施工等。在传统的 CAD 技术下，设计院只能交 2D 的图纸。为了使看不懂建筑专业图纸的业主和用户看得明白，就需要委托动画公司渲染效果图，或者做一些实体模型。虽然效果图和模型提供了可视化的效果，但这种可视化仅限于展示效果，却不能进行能耗模拟、管廊碰撞检查、施工仿真模拟。而且现在建筑物的规模越来越大，外形越来越奇特，空间划分越来越复杂，人们对建筑功能的要求也越来越高。面对这些问题，如果没有 BIM 可视化技术，光靠设计师的想象和记忆是很难完成的。许多问题在项目团队上也不一定能交流得清楚，就更难深入地分析寻求合理的方案了。BIM 技术的出现为实现可视化的操作开辟了道路，不但使比较抽象的一些信息如热舒适性、温度、通风性等可以用可视化表达出来，还可以将建筑建设过程及各种相互关系表现出来，从而有利于提高生产效率、降低生产成本和提高工程质量。

二、信息的完备性

BIM是设施的物理特征和功能特性信息的数字表达，它包含了设施的全部信息，包括对设施三维几何信息和拓扑关系的描述，还包括完整的工程信息的描述。如：结构类型、对象的名称、建筑材料、工程性能设计等信息；施工进度、施工成本、施工质量和人、材、机等施工信息；工程安全性能、材料耐久性能等维护信息；对象之间的工程逻辑关系等。

信息的完备性还体现在创建BIM模型过程中，在这个过程中，设施的前期策划、设计、施工、运营维护各个阶段都连接起来，把各个阶段产生的信息都储存在BIM模型中，使得BIM模型的信息来自独一的工程数据源，包含设施的所有信息。BIM模型内的所有信息都是用数字化的形式保存在数据库中，为了方便更新和共享。

信息的完备性使得BIM模型能够具有良好的基础条件，支持可视化操作、优化分析、模拟仿真等功能，为在可视化条件下进行各种优化分析（体量分析、空间分析、采光分析、能耗分析、成本分析等）和模拟仿真（碰撞检测、虚拟施工、紧急疏散模拟等）提供了方便条件。

三、信息的协调性

协调性体现在两个方面：一个是在数据之间创建实时的关联性，对数据库中数据做的任何更改，都会立即在其他关联的地方反映出来；另一个是在各个构件实体之间，实现关联性显示和智能互动。

这个技术特点很重要。在建立信息化建筑模型设计的成果后，关于模型的平、立、剖二维图纸和门窗图表等都可以根据模型直接生成。而且这些源于同一数字化模型的所有图纸、图表都是相互关联的，这样就避免了用二维绘图软件画图时会出现的问题。如只要在平面图、立面图、剖面图中任意一个图上对模型进行任何的修改，都会视为对数据库模型的修改，其他视图修改的地方也会马上显示出来，这种关联变化是实时的。这样就保持了BIM模型的完整性和健壮性，在实际生产中能大大提高项目的工作效率，避免了不同视图之间的不一样现象，保证项目的工程质量。

这种关联变化还体现在各构件实体之间实现关联显示、智能互动。例如：数字模型中的屋顶和墙是相连接的，如果要把屋顶降低，墙的高度就会随之跟着变低，又如，门窗都是建立在墙的基础上，如果平移墙，墙上的门窗也会随之平移；如果把模型中的墙删掉，墙上的门窗也会立即被删除，不会出现墙被删除而门窗还在的现象。这种关联显示、智能互动表明了 BIM 技术能够对模型的信息进行计算和分析提供支持，并生成相应的图形及文档。信息的协调性使得 BIM 模型中的各个构件之间具有良好的协调性。

这种协调性为建设工程带来了很大的便利，在设计阶段，不同专业的设计人员能够通过应用 BIM 技术发现彼此不协调甚至引起冲突的地方，并且及早地修正设计，避免造成返工与浪费。在施工阶段，可以应用 BIM 技术合理安排施工计划，保证整个施工阶段衔接紧密、合理，使施工可以高效地进行。

四、信息的互用性

应用 BIM 可以实现信息的互用性，充分保障了信息经过传输与交换以后，信息先后的一致性。具体来讲，实现互用性就是 BIM 模型中全部数据通过一次性的采集或输入，就可以在整个设施的全生命周期中实现信息共享、交流与流动，使 BIM 模型能够自动化，避免了信息不一致的错误。在建设项目不同阶段免去对数据的重复输入，可以大大降低成本、节约时间、提高效率。

这一特点也表明 BIM 技术提供了良好的信息共享环境。应用 BIM 技术不会因为项目参与方所使的不同专业软件或者不同品牌软件而产生信息交流的障碍，也不会在信息交流的过程中发生损耗，导致部分信息的丢失。从而保证信息自始至终的一致性。实现互用性最主要的一点就是 BIM 支持 IFC 标准。另外，为方便模型通过网络传输，BIM 技术也支持 XML 等。

正是 BIM 技术这四个特点改变了传统建筑业的生产模式，利用 BIM 模型，使建筑项目的信息在其全生命周期中实现无障碍共享，无损耗传递，为建筑项目全生命周期中的所有决策及生产活动提供可靠的信息基础。BIM技术能较好地解决建筑全生命周期的所有决策及生产活动，提供了可靠的信息基础。BIM技术能较好地解决建筑全生命周期中的多工种、多阶段的信息共享问题，使整个工程的成本大大降低、质量和效率显著提高，为传统建筑业在信息时代的发展展现了光明的前景。

第二章　BIM 技术的研究内容、方法及技术路线

建筑信息模型是在传统CAD技术的基础上拓展的多维信息模型。利用仿真技术对建筑物全部构件的数字信息进行模拟，使项目各参与方在从项目概念阶段到完全拆除的全生命周期内都在模型内进行相关信息处理工作，实现了在建设项目全生命周期内的信息化共享和协同。众所周知，建筑业的劳动成本急剧增加，而劳动生产率并未提高。根据美国建筑业发展经验，施工和运维阶段BIM技术的价值是最大的，尤其在施工阶段。怎样把BIM技术更好地应用在项目管理和工程实践，怎样运用BIM技术提高项目管理水平和劳动者生产率，是目前国内建筑业需要加以研究的内容和关键技术。

第一节　研究内容

由于“中国知网”文献收录过程，对BIM研究成果的分类仅按照学科分类。阅读中会发现大量文献有多个分类号，在系统了解BIM后，也很难完全认同学科分类号的分类方式。本书认为BIM的研究内容分类可以从BIM的定义出发，将对BIM的研究内容分为BIM技术研究(建筑信息模型)和BIM管理研究(信息模型的创建、传递和共享)。但是，BIM技术是将信息技术应用到建筑行业，跨学科科学研究是BIM的本性。大多数研究细分专业边界界定困难，分类结果还需考虑。因此，由于国内BIM研究存在很大的政策导向性，所以本节具体分类，考虑按照国家重点项目“建筑业信息化关键技术研究和应用”的主要目标，将BIM研究分为四大类：中国BIM标准研究类、国内BIM应用软件研究类、基于BIM的工程管理类、BIM经验总结类。再进一步按照文献讲述内容、已实现程度和文章的目的，将四大类BIM研究进一步细分。

一、BIM 研究内容分析

（一）BIM 标准体系研究

从“十五”规划起，我国 BIM 研究就考虑为了辅助 BIM 软件应用的管理，进行信息化标准化的研究，以方便建筑业各相关产业的各环节共享和应用 BIM。2011 年，清华大学 BIM 组对 BIM 标准框架的研究初具成果，从宏观上为中国 CBIMS 标准进行定位，构建 CBIMS 体系结构，将 BIM 工具的规范主要分为技术标准和实施标准，提出从资源到交付物完整过程的信息传递保障措施。其中，依照标准通用程度，将 BIM 标准体系框架分为三层，包括专用基础标准、专业通用标准和专业专用标准。王勇、张建平等对 IFC 数据标准实际应用于建筑施工中进行研究，建立 IFC 数据扩展模型，编制 IFC 数据描述标准，实例验证了 IFC 标准的可实施性；李犁、邓雪原认为 BIM 的核心在于信息共享和交换，分析 BIM 技术发展的当前问题，提出需要基于 IFC 标准并验证其可行性；周成、邓雪原还补充，用 IDM 标准可以弥补 IFC 标准开发特定软件时，存在数据完备与协调性不足的缺点。从 2014 年，建筑信息模型 (BIM) 标准研讨会成功召开，建筑工程信息应用统一标准相关课题相应成立，到 2016 年，中国 BIM 系列标准编制工作正式启动，中国有望在短期内正式出台中国 BIM 标准体系。

（二）国内 BIM 应用软件研究

1. 基于 BIM 的应用软件实例研究

BIM 作为核心建模软件，何关培根据认识和经验总结过 BIM 软件，虽然很丰富，但不够系统。本书将把基于 BIM 技术的各软件按应用阶段、主体指标和专业进行划分。在项目管理过程中结合实例考察 BIM 软件的研究成果和价值，通常专业软件的设计与工程目标或工程阶段的功能相结合，包括机电、安装和幕墙等。尹奎等分析拟建的嘉里建设广场项目的 BIM 模型，证明了 BIM 对于物业管理和设备维护的价值。游洋选择基于理想化的状态从机电专业观察 BIM 应用可能出现的问题，并总结了施工过程的一些影响。裴以军等以一个运用 BIM 的机电设计工程实例检验BIM应用情况。陈钧利用BIM技术进行设备房安装的模拟操作，展现BIM的绘制要点以及设备房模型对全生命期的作用。龙文志提出建筑幕墙行业应推行BIM的重要，并论述幕墙行业应用BIM后可帮助企业成为提高科技含量，增强融资能力，提高管理水平，提高行业水平。结构工程作为建筑工程最重要的一部分，有大量学者为BIM有助于结构施工提供理论支持。吴伟以北京谷泉会议中心为例，说明BIM应用大大提高工作效率。姬丽苗介绍预制装配式建筑结构设计中应用BIM的优势以及存在PC技术不成熟的问题。苗倩利用BIM可视化技术，认为水利水电工程应用BIM仿真效果较为显著。此类研究，通过实例研究，验证BIM软件功能与专业结合后的价值和缺陷。

此外，还有很多BIM在国内应用成功案例可作研究参考，包括上海世博、杭州奥体中心主体育场、重庆国际马戏城等等，BIM成功案例证明了BIM应用的价值，也发现了BIM技术的不足。

2. 基于BIM技术的应用探索

目前，国内外BIM技术研究重点集中在虚拟设计、虚拟施工和仿真模拟，国内研究停留在分析阶段。赵彬、王友群等将4D虚拟建造技术应用在进度管理中，并与传统进度管理进行比较，论证4D技术的优越性。张建平在先前建筑施工支护系统研究过程，引入4D-BIM技术，生成随进度变化的支护系统模型，验证4D-BIM技术用于施工安全的可行性；随后又针对成本超支的现象，研究4D-BIM为提高管理水平提供新方法。赵志平等就平法施工图表达不清的问题，验证BIM进行虚拟设计与施工的效果，并提出了相应人才培养的模式。柳娟花等分析国内外虚拟施工研究现状，最后对虚拟施工在建筑施工应用进行研究。

因为BIM对硬件软件要求较大，云技术的发展为BIM提供更大的平台，实现更大的规模效应。陈小波考虑用“云计算”为BIM的协同提供便捷，三个层次满足信息共享、企业权限需求和数据动态更新的问题。何清华提出基于“云计算”的BIM实施框架，用“云计算”的优势解决BIM的缺点，构建系统的实施五层框架。

BIM技术的研究在一定程度上，为其他建筑理念服务。绿色建筑是当前建筑技术研究的重要方向，基于 BIM 技术开展绿色建筑建设的设想与应用成为一项重点。除刘超进行结合 BIM 技术的建筑设计外，考虑基于 BIM 技术的绿色件数预评估系统，考虑运用 BIM 技术分析建筑性能，实现低耗节能的绿色建筑设计都成为深化绿色技术的方向。李慧敏等还以绿色建筑为设计目标，从被动式建筑设计角度论证应用 BIM 的重要性；刘芳也较为简洁地总结 BIM 对绿色建筑产生的积极意义。针对建筑节能，邱相武采用 BIM 技术的建筑节能设计软件的开发，建立便捷的设计建筑模型，并分析相关功能；云朋分析 BIM 与生态节能协同设计的框架，并提出还需解决的问题；肖良丽对 BIM 在绿色节能方面发挥的作用进行说明，并虚拟模型控制一系列事件，达成建筑节能设计；徐勇戈提出 BIM 技术在运营阶段对设备运行控制、能耗监测和安全疏散提供的技术价值。

贾晓平认为，建筑的智能化是“智慧城市”的核心，智慧城市是新一代信息技术支撑，而 BIM 等先进的信息化技术是智慧建造的重要支撑。卫校飞声称 BIM 技术将会是智慧城市的重要支撑，BIM 和 GIS 的融合在智慧城市中应用显著。智慧城市将在未来对 BIM 技术的发展指出一定的方向。

（三）基于 BIM 的工程管理研究

基于 BIM 的工程管理包括：对项目管理模式的研究，对项目目标的管理研究，对项目全寿命过程的管理研究。

1. 基于 BIM 的项目管理模式研究

张德凯认为 BIM 技术为建筑项目管理模式提供更有优势的选择，分析各管理模式与 BIM 融合后的优缺点，为 BIM 项目管理模式提出建议。其中 IPD 模式、精益建造模式、Partnering 模式作为新型的集成创新模式，强调从团队合作、组织结构的沟通和风险共担等方式实现集成化管理。BIM 技术为项目的集成化管理提供支撑，建设生产效率得以提高并帮助业主实现经济效益最大化。BIM 的充分应用可为集成创新模式提供组织集成、信息集成、目标管理、合同等各方面提供支持。赵彬等考虑 IPD 模式与精益建造模式的交互意义，考虑基于 BIM 技术的两种模式协同应用。马智亮总结IPD的实践问题，归纳采用BIM技术可提升IPD实施效果的可行途径，构建了BIM技术在IPD中的应用框架；包剑剑等研究IPD模式下BIM结合精益建造理念的管理实施，将顾客愿望也通过BIM归纳到IPD管理中；滕佳颖、郭俊礼等比较传统模式和基于BIM的IPD模式信息流传递与共享方式及效率，研究BIM在项目及各阶段的应用并提出相应建模策略和具体应用方法，并在此基础上，进一步构建以BIM为基础的IPD信息策略以及信息策略七个基础模型，提出以多方合作为基础的IPD协同管理框架；徐齐升、苏振民等从并行工程、持续改进、价值管理等与BIM集成等方面分析IPD模式下精益建造关键技术与BIM的集成应用，并进行实例分析；徐韫玺、王要武等提出以BIM为核心构建建设项目IPD协同管理框架。

2. 基于BIM的项目目标管理研究

从工程项目关键目标的角度，BIM技术为建筑产品全生命周期提供信息服务，协助质量、进度、成本、安全以及文档合同的管理。赵琳等论证了BIM技术为进度管理提供的便捷；何清华谈到进度管理系统本身的问题，应用BIM技术后可优化进度管理，并对工作流程进行设计。李静等提出基于BIM对生命周期的造价管理研究，BIM应用可以有效控制全过程的“三算”；张树建分析当前造价管理存在的问题，以及BIM相应的应用价值；苏永奕同样分析BIM在全过程造价控制中各个阶段的不同作用，分析BIM应用形式及难点。李亚东指出了BIM应用在质量管理方面的实施要点和关键数据处理。姜韶华根据BIM可支持建筑全项目周期信息管理，提出了一个系统化的建设领域非结构化文本信息的管理体系框架；许俊青、陆惠民提出将BIM应用于建筑供应链的信息流管理，并设计了供应链的信息流模型基本架构。

3. 基于BIM的全生命过程管理的研究

全生命过程的管理，包括全生命期内的信息集成与全生命过程不同阶段的协同研究，既包括不同参与方的信息集成与协同，又包括不同阶段的信息集成与协同。利用BIM技术展开的信息集成化管理，为建筑业的企业管理带来了新的思路和方法，改变施工企业的传统管理模式，实现建筑企业集约化管理。潘怡冰认为大型项目和利用信息集成管理可以使得组织高效，而信息集成管理的核心是BIM，运用BIM构建了包括项目产品、全寿命过程和管理组织的大型项目群管理信息模型；吕玉惠、俞启元等研究利用BIM技术进行施工项目多要素的集成管理，提出相应的系统架构；张建平等通过研究集成BIM基本结构、建模流程、应用架构以及建模关键技术，开发BIM数据集成与服务平台原型系统；张昆从接口集成和系统集成两大方面，对BIM软件的集成方案进行初步的研究。

全生命过程的协同，重点研究设计和施工的协同，考虑设计阶段和施工阶段BIM的应用价值和潜力，完善协同工作平台，实现无缝连接，提高设计和项目施工的工作效率、生产水平和质量。BIM技术作为设计企业的核心竞争要素，王雪松、丁华从空间造型能力、流程控制、沟通效率三方面探讨了BIM技术对设计方法的冲击；张晓菲强调BIM对设计阶段流程优化的作用；王陈远分析BIM和深化设计的应用需求，设计基于BIM的设计管理流程；王勇、张建平研究BIM在建筑结构施工图设计中的数据需求和描述方法，开发相应设计系统。张建平等探讨BIM在工程施工的现状，将4D和BIM相结合，提出工程施工BIM应用的技术架构、系统流程和应对措施；刘火生等提出BIM为施工现场的可视化管理提供便捷。满庆鹏、李晓东将普适计算和BIM结合研究以信息管理为基础的协同施工；修龙总结设计单位提供的设计模型在施工过程，因BIM模型精度需求不同，缺乏完善手段，效益归属不明确等原因造成的无法直接使用。部分单位已经尝试应该BIM提升项目的协同能力，如机械工业第六设计院进行恒温车间的改造，昆明建筑设计研究院进行的医院项目三维协同设计等。

（四）BIM应用经验总结研究

1. 国外BIM应用本土化

关于美国的BIM研究认识，王新从2011年起翻译了一系列“BIM教父”杰里·莱瑟林关于BIM的认识和研究，详细讲述BIM的历史、BIM的定义、认为

BIM不只是技术更是过程，研究BIM的过程的自动化和过程的创新，确定BIM自动化的质量等方面，说明BIM是什么，在做什么，以及能做什么；总结BIM软件分类学的问题，结合BIM过程的创新、质量和软件知识，建立三维模型，最后对BIM研究进行展望。整个系列转述完整，构建合理，对BIM认识比较到位，深入浅出，有很高参考价值。王新还总结了美国设计行业BIM应用的历程，了解美国设计业BIM应用同样存在问题，为国内应用提供参考借鉴。杨宇、尹航结合美国和中国绿色BIM应用部分，全面进行现状分析和对比，提出中国向美国借鉴过程的特点和要点。张泳介绍了美国建筑学会(AIA)和Consensus DOC Consortium分的BIM合同文件，并对其进行对比，为中国建立BIM合同提供建议。吴吉明就BIM的本土化进行策略研究，分析BIM在全球和中国的发展机遇，提出包括过渡期、实践过程、系统化建设等各部分管理策略，提供BIM推进需要注意的问题思考。

2.BIM应用阻碍研究

BIM技术进入中国本土，在适应实际建造过程中，出现软件、硬件、组织人员以及制度标准上的很多问题。部分学者着重研究各种应用情况的问题，为下一阶段发展BIM提供新思路。其中，张春霞也分别从各参与方的角度，具体分析各方在面对BIM遇到的障碍。潘佳怡和赵源煜总结了国内外学者文献中涉及BIM应用阻碍的部分，将BIM应用问题分为技术类、经济类、操作类和法律类，基本概括了所有实例中BIM应用的问题，较为完整。但问卷调查部分数据较少，因而采用层次分析出的阻碍因素阻碍程度结果是否可靠有待商榷。何清华等从实例成果出发，总结了BIM在国内外应用的现状，并进行问题总结。针对建筑企业的BIM应用，提出软件方面的不足和以及法律方面与合同管理的空白，影响BIM实施。周毅等则讨论在工程设计中BIM的主要障碍与对策。

3.BIM实施策略研究

部分学者从宏观上考虑对BIM发展策略的研究，考虑BIM的分期目标，发展路线图以及有关实施策略。何关培在其著书中对BIM发展战略模式进行探讨，分析了最大受益方是业主，动力在施工方；人才是技术发展的关键，价值是市场开拓的关键；BIM 战略发展要从应用、工具和标准三方面进行规划，并对三方面现状进行探讨。耿狄龙在 BIM 工程实施中总结了问题，提出了 BIM 服务团队各自利弊，指出由业主主导最为合理的策略。程建华列举了 25 种 BIM 在建筑行业的应用，认为建设监理单位作为 BIM 技术推广的推手最为合适。黄亚斌以中建西南设计院实例作支撑，从企业级的角度明确提出 BIM 应用实施分为：战略实施规划，建立实施标准和流程。王广斌、刘守奎为提出建设项目 BIM 实施策划的意义，并探讨策划的框架及主要步骤。

（五）BIM 研究所在阶段与发展方向

根据 Bilal Succar 教授对 BIM 成熟度的划分，前 BIM 时代主要是 CAD 技术，数据传递基本是靠图纸等。后 BIM 时代，为全生命周期数据的管理。从前 BIM 时代到后 BIM 时代，总共经过三个阶段：1. 以主体为基础的模型；2. 以模型为基础的协同；3. 以网络为基础的集成。

以 BIM 成熟度的划分方式，我国 BIM 技术的研究已经初具规模，国内 BIM 的研究处于 S2 和 S3 阶段之间：技术性问题，主要集中在设计阶段和施工阶段的协同，包括 4D 虚拟施工等，需要更多的技术指导为 BIM 发展做支撑。管理性问题，主要集中在信息集成、全生命周期管理的研究，并考虑相应的项目管理交付方式，并与精益建造等理念相结合。学者提出多种管理模式为 BIM 管理提供支持，IPD 支付模式优势较为明显，但是否存在更合适更实用的管理，尚在研究中，还需要更多的实验和更深入的思考。随着 BIM 技术研究的深入，BIM 标准需要逐步规范，包括基于 IFC、IDM 的 BIM 标准研究。整个过程，BIM 标准的研究和确定需要相应法律法规政策的支持，这是国内科技研究的关键。如今因为实际经验较少，学者对 BIM 应用障碍进行的总结分析尚缺系统性，还需要配合相应合理的理论逐步总结。目前，国内的 BIM 实施策略研究较少，在本土化之后的 BIM 发展方向和发展战略是否可以依照国外经验，还需结合中国特色，合理规划。制定更有效的BIM战略为BIM的相关政策制定、研究重点确定和BIM标准和法律规范提供有效的支持和引导。

二、BIM在施工阶段质量管理中的应用研究

基于BIM的施工阶段质量管理主要包括以下两个部分，具体内容为：

（一）产品质量管理

所谓产品指的是建筑构件和设备，不仅可以通过BIM软件快速查找所需材料及构配件的尺寸、材质、尺寸等基本信息，还可以根据BIM设计模型实现对施工现场作业产品进行追踪、记录、分析，实时监控工程质量。

（二）技术质量管理

BIM软件能够动态模拟施工技术流程，施工人员按照仿真施工流程施工，避免了实际做法和计划做法的偏差，使施工技术更加规范化。

下面仅对BIM在施工阶段质量管理中的应用点进行具体介绍。

1. 碰撞检查

传统建筑二维图纸在设计阶段，汇总结构、水暖电等专业设计图纸，一般由工程师查找和协调问题。但是，人为错误是不可避免的，导致各专业发生了许多冲突，造成了巨大的建设投资浪费。一项调查显示，参与施工过程的各方有时需要支付数百万甚至数千万的价格来弥补造成的损失。

目前，BIM技术在三维碰撞检测应用中已经相当成熟，在设计建模阶段能够直观准确地观察各种冲突和碰撞。

2. 大体积混凝土测温

在大体积混凝土结构中，通过自动监测管理软件检测大体积混凝土温度，无线传输到在分析平台上自动收集温度数据，分析温度测量点，形成动态检测管理。通过计算机获得温度变化曲线图，随时掌握大体积混凝土温度的变化，根据温度的变化，随时加强保护措施，确保大体积混凝土的施工质量。利用基于BIM的温度数据分析平台对大体积混凝土进行温度检测。

3. 施工工序中的管理

工序是施工过程中最基本的部分，工序的质量决定了施工项目的最终质量是好是坏。工序质量控制是对工序活动投入的质量和工序活动效果的质量进行控制，也就是对分项工程质量的控制。基于 BIM 技术的工序质量控制的主要工作是利用 BIM 技术确定工序质量控制工作计划、主动控制工序活动条件的质量、实时监测工序活动效果的质量、设置工序管理点来保证分项工程的质量。

三、BIM 在施工阶段成本控制中的应用

成本管理过程是通过系统工程原理计算，调节和监督生产经营过程中发现的各种费用的过程。为了充分发挥 BIM 在建设成本控制方面的优势，更好地帮助管理者改进成本控制，本节介绍了 BIM 在施工成本控制系统中的应用，分阶段构建了基于 BIM 的施工成本控制系统，针对 BIM 的施工成本控制工作内容进行分析，下面是在建设初期、施工阶段和竣工结算阶段三个阶段成本控制的具体应用内容。

（一）招投标阶段成本控制

1. 商务标部分

商务标是投标文件的核心部分，目前很多项目都采用最低价评标法，商务标中报价是决定中标的首要因素。传统商务标的编制需要造价人员通过繁琐的计算公式列计算式子、敲计算器手算出结果。基于 BIM 的自动化算量功能可以让造价人员避免繁琐的手工算量工作，大大缩短了商务标的编制时间，为投标方留出了更多的时间去完成标书的其他内容。

2. 技术标部分

当项目结构复杂和难度高时，招标方对技术标的要求也越高，由于 BIM 技术具有可视化的特点，可以直观地展示技术标的内容，帮助投标单位在评标过程中脱颖而出。利用 BIM 技术进行施工模拟，将重点、特殊部位的施工方法和施工流程进行直观地展示，这种方法直观且易理解，即使没有相关专业基础的局外人

也能看懂；还可以利用BIM技术的碰撞检查对设计方案进行优化，也可以在投标书中单独设一章节，详细说明中标后基于BIM技术的管理构想，给业主和评标专家留下良好的印象。

（二）合同签订成本控制

施工单位中标后，承包商和业主开始签订施工合同，施工合同的大部分条款都涉及项目造价，BIM模型提供自动化算量功能，可以快速核算项目的成本，对成本的形成过程进行可视化模拟；BIM技术的可视化、模拟性等特点，还可以解决合同签约过程中签约双方的沟通问题，缩短了合同签约时间，在一定程度上加快了工程进度。

（三）施工组织设计

基于BIM技术的施工方案可以对施工项目的重要和关键部位进行可视化模拟；也可以利用BIM技术对施工现场的临时布置进行优化，参照施工进度计划，形象模拟各阶段现场情况，合理进行现场布置；也可以利用BIM技术对管线布置方案进行碰撞检查和优化，减少施工返工。

（四）施工成本计划的编制

施工成本计划的编制是施工成本管理最关键的一步，施工管理人员在编制施工成本计划时，首先根据项目的总体环境进行分析，通过工程实际资料的收集整理，根据设计单位提供的设计材料、各类合同文件、相关成本预测材料等，结合实际施工现场情况编制施工成本计划。应用BIM技术的工程项目，项目全生命周期的各类工程数据都保存在BIM模型中，计划编制人员能够方便、快速地获取需要的数据，并对这些数据进行分析，提升了计划编制工作效率。

（五）基于BIM的施工阶段成本控制体系

1. 多维度的多算对比

所谓多维度是时间、工序、空间位置三个维度，多算则是指成本管理中的“三算”，即设计概算、施工图预算和竣工决算，多维度的多算对比是指从时间、工序、空间位置三个维度，对施工项目进行实时三算对比分析。运用 BIM 技术以构件为单元的成本数据库，利用 Revit 软件导出含有构件、钢筋、混凝土等明细表，进行检查和动态查询，并且能直接计算汇总。而且在具体工程施工阶段过程中，随时都可以调出该工序阶段的算量信息，设计概算、施工预算可以及时从 BIM 提取所需数据进行三算对比分析，找出成本管理的问题所在。

2. 限额领料的真正实现

虽然限额领料制度已经很完善，但在实际应用中还是存在以下问题，具体有：采购计划数据找不到依据、采购计划由采购员个人决定、项目经理只能凭经验签名、领取材料数量无依据，造成材料浪费等。

BIM 技术的出现为限额领料制度中采购计划的制定提供了数据支持。基于 BIM 软件，能够采用系统分类和构件类型等方式对多专业和多系统数据进行管理。基于 BIM 技术还可以为工程进度款申请和支付结算工作提供技术支持，可以准确地统计构件的数量，并能够快速地对工程量进行拆分和汇总。

3. 动态的成本管理

利用 BIM 技术建立成本的 5D 关系数据库中包括 3D 模型、时间和工序，施工过程中所产生的各项数据都被录入到成本关系数据库中，快速地对成本数据进行统计或拆分，以 WBS 单位工程量为主要数据进入成本 BIM 中，能够快速对成本实现多维度的实时成本分析，实现项目成本的动态成本管理。

4. 改善变更管理

BIM 模型实现了施工图纸、材料及成本数据等在工程信息数据库中的有效整合和关联变动，实时更新变更信息和材料价格变化。工程各参与方都能及时了解变更信息，以便各方做出有效的应对和调整，提高了变更工作处理效率。

现阶段，在施工阶段成本管控的首要难题是成本核算不能服务于成本决策及成本预测。基于 BIM 技术的算量方法为建设施工提供了一个新的施工方案，将大大简化竣工阶段的成本核算工作，并减少大量的人为计算失误，为算量工作人员减轻负担。而且 BIM 模型数据更新及时，数据更清晰。随着工程的施工进展，最终交付项目阶段的BIM模型已是一个包含了施工全过程的设计变更、现场签证等信息的数据系统，项目各参与方都可以从数据系统中根据自身需求快速检索出相关信息，而成本核算的结果可以为今后其他工程的成本决策及成本预测起到一定的参考作用。

第二节 研究方法

随着相关政策的发布如国务院印发《“十三五”节能减排综合工作方案》中，要求强化节能，大力发展绿色建筑。绿色建筑在我国发展迅猛，为了评判建筑是否达到绿色建筑的标准，我国和地方都发布了相应地区的绿色建筑评价标准。由于我国绿色建筑相对于国外的发展还不成熟，所以在现阶段绿色设计上还存在一些问题。在本节我们将就BIM技术在绿色建筑设计上的研究方法进行介绍。

一、BIM技术在绿色建筑设计中的方法

（一）绿色建筑设计存在的问题

1.对绿色建筑设计理念的认识的薄弱

现阶段的绿色建筑设计由于项目的设计时间不充裕。缺少与绿色建筑咨询团队的沟通，并没有使绿色咨询团队真正地参与到设计的每个阶段，尤其现在的很多绿色建筑，在设计前期还是采用传统的设计方法，并没有对场地气候、场地的地形、地况、场地风环境、声环境等影响绿色建筑设计的自然因素进行科学有利的分析，只是按着设计师自己的经验进行前期设计，这导致绿色建筑的设计“节能”的理念没有从开始就进入到项目中，没有从根本上解决技术与建筑的冲突，而且现在绿色评估，和性能模拟也是等到设计完成后在进行，并没有对设计形成指导性的作用。

当绿色建筑评选星级时，建筑可以依据合理的自然采光、自然通风达到评分要求，也可以选择通过高性能的机电设备达到评分要求，很多项目往往采用后者，花费大量成本使用高价的设备，这个现象造成的主要原因是设计人员缺乏对绿色建筑适宜性技术的理解，缺少对项目环境的分析和与绿色建筑咨询团队的密切沟通。

2. 全生命期内绿色建筑信息缺失

绿色建筑的理念注重全生命期，一个优秀的绿色建筑项目，不仅要在设计中应用到绿色设计技术，还应该把产生的绿色建筑的设计信息数据传递下去，好使这些设计信息数据指导以后的施工以及项目的运营维护。而现阶段的绿色建筑项目越来越复杂化，设计的图纸信息很难从众多的二维图纸提取有效的绿色建筑信息数据并一直保存到绿色建筑的运营阶段。在绿色建筑施工阶段审查时发现，许多的绿色建筑设计信息得不到实现，少数得以实现的设计也因为人员缺乏对资料数据保管意识的薄弱，和参与项目专业众多性，数据得不到统一的交付，导致绿色建筑在全生命期内信息的缺失。

（二）BIM 在绿色建筑设计中应用的优势

针对绿色建筑设计存在的问题，结合 BIM 技术的特点，利用 BIM 技术解决绿色建筑设计中的问题，优化绿色建筑设计。

1. 协同设计

绿色建筑是一个跨学科、跨阶段的综合性设计过程，绿色建筑项目在设计过程中，需要业主、建筑师、绿建咨询师、结构师、暖通工程师、给水工程师、室内设计师、景观工程师等各专业的参与和及时的沟通，以便大家在项目中统一综合一个绿色节能的设计理念，注重建筑的内外系统关系，通过共享的 BIM 模型，随时的跟踪方案的修改，让各个专业参与项目的始终，并注重各个专业的系统内部关联，如安装新型节能窗，保温性能比常规窗的高，在夏天有遮阳通风等功能，这时就需联系设备专业，让设备工程师减少安装空调等设备，以降低能源消耗，

BIM技术协同设计的优势，解决了绿色建筑咨询团队与各参与方之间沟通的问题，提高对绿色建筑的认识，并使项目各个参与方随时跟进了解项目，以达到更好的绿色建筑项目的产生。

2. 性能分析方案对比

常规的绿色建筑的性能分析模拟，必须由专业的技术人员来操作使用这些软件并手工输入相关数据，而且使用不同的性能分析软件时，需要重新建模进行分析，当设计方案需要修改时，会造成原本耗时的数据录入和重新校对，模型重新建模。这样就浪费了大量的人力物力。这也是导致现在绿色建筑性能模拟通常在施工图设计阶段，成为一种象征性工作的原因。

而利用BIM技术，就能很好地解决这个问题，因为建筑师在设计过程中，BIM模型就已经存入大量的设计信息，包括几何信息、构件属性、材料性能等。所以性能模拟时可以不用重新建模，只需要把BIM模型转换到性能模拟分析常用的gxml格式，就可以得到相应的分析结果，这样就大大降低性能模拟分析的时间。

其次，通过对场地环境、气候等的分析和模拟，让建筑师理性科学地进行场地的设计，提出与周围环境和谐共生的绿色项目。在方案对比时，利用BIM建立体量模型，在设计前期对建筑场地进行风环境、声环境等模拟分析，对不同建筑体量进行能耗的模拟，最终选定最优方案，在初步设计时，再次性能模拟对最优方案进行深化，以实现绿色建筑的设计目的。

3. 全生命期建筑模型信息完整传递

绿色建筑与BIM均注重建筑全生命期的概念。BIM技术信息完备性的特点使BIM模型包含了全生命期中所有的信息，并保证了信息的准确性。利用BIM技术可以有效地解决传统的绿色建筑信息冗繁、信息传递率低等问题。BIM模型承载着绿色建筑设计的数据，施工要求的材料、设备系统和建筑材料的属性、设备系统的厂家等信息。完整的信息传递到运营阶段，使业主更全面地了解项目，从而进行科学节能的运营管理。

（三）基于 BIM 的绿色建筑设计方法

基于 BIM 平台进行绿色建筑设计，可以参照传统的设计流程，对绿色建筑设计流程进行规范，并使绿色建筑设计理念加入每个设计环节，使之成为可以在设计院实际操作的工作方法和工作流程。

首先，建立绿色建筑设计团队，由于绿色建筑包含专业较为广泛，所以应该在建筑、结构、电气、设备等专业团队的基础上，增设规划、经济、景观、环境、绿色建筑咨询等专业人员。绿色建筑团队扩建后，还要在此基础上进行 BIM 团队的整合，开始要指定专门的 BIM 经理，这就要求绿色建筑项目的 BIM 经理应该是对 BIM 技术及整个建筑绿色设计、施工、运行全面了解的人。他应带领 BIM 建模人员、BIM 分析员、BIM 咨询师和绿建设计团队，进行绿建项目整体工作内容的编制。

1. 确定建设项目的目标，包括绿色建筑项目建成后的评价等级，搭建 BIM 交流平台让各参与方探讨研究项目的定位，统一形成共同的设计理念。

2. 制定工作流程，在 BIM 经理的带动下，指定实际的负责项目的工程师设计 BIM 模型，并确定不同的 BIM 应用之间的顺序和相互关系，让所有团队成员都知道了解各自的工作流程和与其他团队工作流程之间的关系。

3. 制定建立模型过程中的各种不同信息的交换要求，定义不同参与方之间的信息交换要求，使每个信息创建者和信息接受者之间必须非常清楚地了解信息交换的内容、标准和要求。

4. 确定实施在 BIM 技术下的软件硬件方案，确定 BIM 技术的范围、BIM 模型的详细程度。

5. 确保绿建设计团队在设计每个阶段的介入，保证对绿色建筑项目以绿色建筑评价标准的要求进行指导和优化。

因为现有的绿色建筑设计导则和评价标准的条文分类大部分是按建筑、结构、电气、设备等的专业体系分或者是按照“四节一环保”的绿色建筑体系进行分类，缺少以项目时间纵向维度为标准的分类，作者参考传统设计的时间流程也把绿色建筑设计分为设计前期阶段、方案设计阶段、初步设计阶段、施工图设计阶段四个阶段，作为基于BIM技术在绿色建筑设计中的应用工作流程。这样保证了绿色建筑设计理念在整个设计过程中的使用，使设计人员简单了解作为参考工作流程。

（四）BIM技术在绿色建筑设计前期阶段应用研究

1. 绿色建筑设计前期阶段BIM应用点

传统建筑的前期设计一般由建筑师们的经验积累做指导，而绿色建筑在设计前期阶段，为了达成《绿建标准》的要求，需要综合考虑和密切结合地域气候条件和场地环境，了解绿色建筑设计相关的自然地理要素、生态环境、气候要素、人文要素等方面。为绿色建筑的场地设计做好基础，为优先被动设计技术做好预备。

自然地理要素包括：（1）地理位置；（2）地质；（3）水文；（4）项目场地的大小、形状等。

生态环境要素包括：（1）场地周边的生态环境包含场地周边的植物群落、本土植被类型与特征等；（2）场地周边污染状况；（3）场地周边的噪声等情况。

人工要素包括：（1）周边的已有建筑；（2）场地周边交通情况；（3）场地周边市政设施情况。

气候要素包括：（1）项目所在地的气候；（2）太阳辐射条件和日照情况；（3）空气温度包含冬夏最冷月和最热月的平均气温和城市的热岛效应；（4）空气湿度包含空气的含湿量等；（5）气压与风向。

绿色建筑设计师通过了解这些要素并综合分析，进行场地设计时应尽量保留场地地形、地貌特色，充分利用原有场地的自然条件，顺应场地地形，避免对场地地形、地貌进行大幅度的改造，尽可能保护建筑场地原有的生态环境，并尽最大努力改善和修复原有生态环境，使项目融入原有生态环境，减少对地形植被的破坏。为此在绿色建筑设计前期阶段，我们可以采用BIM技术进行场地气候环境分析，这样能为设计师更加科学地选出项目的最佳朝向，最佳布置做出良好的基础。对于场地的自然地理要素、生态环境要素、人文要素等，我们可以采用BIM 技术进行场地建模、场地分析、场地设计。因为传统的基地分析会存在许多的不足，而通过 BIM 结合地理信息系统（GIS），可以对场地地形及拟建建筑空间、环境进行建模，这样可以快速地得出科学性的分析结果，帮助建筑设计师本着绿色建筑节约土地、保护环境、减少环境破坏，甚至修复生态环境的原则，做出最理想的场地规划、交通流线组织和建筑布局等，最大限度地节约土地。

2.BIM 技术在绿色建筑设计前期的应用

（1）场地气候环境分析

通过对建筑场地气候的分析，建筑师充分了解场地气候条件后，依此来考虑绿色建筑的适宜性设计技术。

在绿色建筑设计前期阶段，对场地气候进行分析，可以使用 BIM 软件 Analysis 中的 Weather Tool，它可以将气象数据的二维数字信息转化成图像，从而帮助建筑师可视化地了解场地的相关气象信息，也可以将气象数据转换在焓湿图中，通过焓湿图可以让建筑师直观地了解到当地的热舒适性区域，并根据焓湿图分析各样的基本被动式设计技术对热舒适的影响。对于太阳辐射的分析也可以通过 Weather Tool 来模拟得到场地地域的各朝向的全年太阳辐射情况；并根据全年内过热期和过冷期太阳辐射得热量计算项目的相对最佳建筑朝向。通过软件的分析，长春地区最佳朝向是南偏东 30° 南偏西 10° 。适宜朝向南偏东 45° 南偏西 45° ，不宜朝向北、东北、西北。

（2）场地设计

场地设计的目的是通过设计，使场地的建筑物与周围的环境要素形成一个有机的整体，并使场地的利用达到最佳的状态，从而充分地发挥最大的效益，以达到绿色建筑节约土地的目的。传统的建筑场地设计大多是设计师依据自己的经验和对场地的理解进行设计，但场地设计涉及很多要素，人工分析还是会有很大的困难。但应用 BIM 技术可以解决传统设计的不足，首先用 BIM 技术进行场地模型，并在场地模型基础上进行场地分析，进而就可以进行科学理性的场地设计。

①场地建模

场地模型通常以数字地形模型表达。BIM模型是以三维数字转换技术为基础的，因此，利用BIM技术进行场地模型，数字地形高程属性是必不可少的，所以首先要创建场地的数字高程模型。

建立场地模型的数据来源有多种，常用的方式包括地图矢量化采集、地面人工测绘、航空航天影像测量三种。随着基础地理信息资源的普及，可免费获取的DEM地形数据越来越多，即使无法直接获得DEM模型，但有地形的基础数据，非数字化、三维化的地形资料，我们可以通用的软件Revit、Civil 3D等BIM软件创建场地地形模型，以Revit场地建模为例，首先，设置“绝对标高”的数值，然后导入DWG等格式的三维等高线数据，最后通过点文件导入的方式创建地形表面。

当无法获取DEM数据或获得的时效性差，需要获取周围现有建筑、周围植物密度、树形、溪流宽窄等以上三种情况时，需要自行获取地形数据。目前，采用无人机扫描和无人机摄影测量两种方式，它们主要通过扫描和摄影，结合全站仪和测量型GPS给出的坐标控制点，把这些导入软件并进行处理形成DEM。对现有周围建筑物，可采用地面激光扫描建模和无人机测绘建模，地面激光扫描是通过基站式扫描仪在水平和仰视角度接收和计算目标的坐标形成测绘，无人机测绘建模是多角度围绕拍摄定点合成建筑外形。

②场地分析

项目场地大多数是不平整的，场地分析的重要内容是高程和坡度分析。利用BIM场地模型，我们可以快速实现场地的高程分析、坡度分析、朝向分析、排水分析，从而尽量地选择较为平坦、采光良好、满足防洪和排水要求的场地进行合理规划布局，为建设和使用项目创造便利的条件。

高程分析可以使用BIM软件Civil 3D，在软件中首先在地形曲面的曲面特性对话框“分析”中设定高程分析条件、高程分析的最值、高程分析的分组数，即可得到高程分析结果。通过高程分析，设计师可以全面掌握场地的高程变化、高程差等情况。通过高程分析也可为项目的整体布局提供决策依据，以便满足建筑周边的交通要求、高程要求、视野要求和防洪要求。

坡度分析是按一定的坡度分类标准，将场地划分为不同的区域，并用相应的图例表示出来，直观地反映场地内坡度的陡与缓，以及坡度变化情况。在 Civil 3D 软件分析结果有不同颜色，或具体颜色坡度箭头两种表示方法。

朝向分析是根据场地坡向的不同，将场地划分为不同的朝向区域，并用不同的图例表示，为场地内建筑采光、间距设置、遮阳防晒等设计提供依据的过程。使用 Civil 3D 软件，设定朝向分组，把设定的朝向分析主题应用到场地模型，即可得到场地朝向分析结果。

排水分析，在坡地条件下，主要分析地表水的流向，做出地面分水线和汇水线，并作为场地地表排水及管理埋设依据。使用 Civil 3D 软件，首先在地形曲面特性对话框“分析”标签页设定最小平均深度，并设置分水线、汇水线、汇水区域等要素颜色，并运行分析功能，并在地形模型中显示分析结果。

③场地平整

场地平整是对要拟建建筑物的场地进行平整，使其达到最佳的使用状态，场地平整是场地处理的重要内容。平整场地应该坚持尽量减少开挖和回填的土方量，尽量不影响自然排水方式，尽量减少对场地地形和原有植被的破坏等原则进行。BIM 技术的场地平整是基于三维场地模型进行的，使用 Revit 软件进行场地平整，首先在现有地形表面创建平整区域，然后在平整区域设置高程点，完成后的地形表面会和原地形表面重叠显示，使用 BIM 技术进行平整场地，可以进行多方案设计，因为可以直接得到精准的施工土方量，所以使设计师更加科学地选取最优方案，减少土方施工。

④道路布设

道路是建筑内部的联系，在道路设计时尤其是复杂地形的项目，除了要满足横断面的配置要求，符合消防及疏散的安全要求，达到便捷流畅的使用要求外，还需要考虑与场地标高的衔接问题。而在BIM的Power Civil软件中场地道路设计就能够依照设计标高自动生成道路曲面，实现平面、纵断面、横断面和模型协调设计，具有动态更新特性，从而帮助设计师进行快速设计、分析、建模，方便设计师探讨不同的方案和设计条件，摆脱传统设计过程中繁多琐碎的画图工作，从而为高效地设计场地道路选出最佳方案。

第三节 技术路线

在前面两节的内容中，我们重点介绍了有关BIM技术的研究内容、研究方法，在本节中，我们将讨论BIM相关的技术路线的开展，对BIM技术做出进一步的深入探讨，希望通过本节的介绍，读者能有所收获。

一、施工企业BIM应用技术路线分析

如果把BIM和目前已经普及使用的CAD技术进行比较，会发现CAD基本上是一个软件的事情，只是换了一个工具、换了一种介质，更多地表现为使用者的个人能力，BIM则远非如此。BIM的特点决定了其对建筑业的影响和价值将会远比20年前的CAD来得更为广泛和深远，同时也决定了学习掌握和推广普及BIM所需要付出的努力和可能遇到的困难要远比CAD大得多。

时任美国Building SMART联盟主席Dana K.Smith在其2009年出版的BIM专著中提出了这样一个论断："依靠一个软件解决所有问题的时代已经一去不复返了"。美国总承包商协会（Associated General Contractors of American，AGC）罗列的BIM常用软件有84项，加拿大BIM学会（Institute for BIM in Canada，IBC）则介绍了79项常用BIM软件的功能、适用专业和软件厂商等资料。

选择一条合适的技术路线是企业开展BIM应用的基础，而最终落实具体使用

哪些 BIM 软件互相配合来完成企业各个岗位或专业的工程任务则是 BIM 应用技术路线选择工作的核心内容。在当年 CAD 开始普及应用的时代，由于软件种类和数量相对较少、数据互用要求程度不高，这个工作并没有显得那么迫切和重要。而今天当企业真正开始实施 BIM 应用的时候，数据互用被放到了非常重要的位置，软件种类和数量也大大增加，对于企业来说，选择合适的 BIM 应用技术路线已经不再是一件可有可无的事情了。

除了上述提到的文献这类 BIM 软件汇总资料外，Lachmi Khemlani 对几种常用 BIM 软件的性能和功能进行了比较系统和深入的评估。除此之外，目前还没有看到面向企业的 BIM 应用技术路线分析资料。而在业主、设计和施工企业三类项目主体之中，比较而言施工企业由于本身岗位和专业种类多、需要使用的软件种类和数量多并且总体成熟度不如设计软件等原因，所面临的 BIM 应用技术路线选择难度也要比业主和设计企业大得多，同时施工企业对 BIM 技术应用的迫切程度也比业主和设计企业要高，因此对施工企业 BIM 应用技术路线选择的方法、过程和影响因素等进行分析，在目前国内 BIM 由少数专业团队和试点项目应用到一定范围普及和合适项目应用的转变时期，对施工企业降低 BIM 应用风险和提高投入产出效益具有实际意义。

（一）BIM 业务目标决定技术路线

随着 BIM 应用的普及和深入，越来越多的企业认识到不能照搬过去 CAD 普及主要靠从业人员个人的经验，BIM 的成功应用需要企业有合适的 BIM 实施整体规划和团队组织自顶向下执行。从目前各类企业 BIM 实施方案分析，大部分 BIM 实施方案的内容都是在描述 BIM 本身能做什么，而不是描述为了实现企业或项目的工作目标 BIM 应用应该做什么以及如何来做。这里有各类项目及其 BIM 应用团队（包括外聘 BIM 服务团队）经验不足等具体的技术问题，但是更关键的问题在于这些 BIM 实施方案缺乏明确的 BIM 应用业务目标。

评价一个 BIM 方案或者措施好坏固然需要从若干不同的角度进行考量，但是其中最关键的指标应该是这个方案和措施能否实现该企业或项目BIM应用的业务目标，在能够实现业务目标的基础上再寻找投入产出最佳的方案。因此如果没有明确的BIM应用业务目标，从根本上就无法评价某个BIM实施方案的好坏。在这一点上，2016年7月美国建筑科学研究院Building SMART联盟委托宾夕法尼亚州立大学研究发布的美国《业主BIM规划指南1.01版–BIM Planning Guide for Facility Owners Version 1.01》，给出了BIM业务目标和BIM应用点的对应关系。

一般而言，从确定BIM应用业务目标到选择BIM技术路线的过程需要解决如下三大任务：1.明确BIM应用业务目标，知道为什么要用BIM，用BIM实现什么目标。2.为了实现上述业务目标，需要用BIM完成哪些具体任务。3.完成上述BIM应用的具体内容，应该选择怎样的技术路线，包括软件、硬件、数据标准、数据交换等。因此，施工企业在着手选择和评估BIM应用技术路线之前，必须先确定BIM应用要达到的目标以及用BIM完成哪些具体工作来实现这个目标。

（二）BIM技术路线选择的技术因素

1.企业BIM应用技术路线选择的典型步骤

明确了BIM应用需要实现的业务目标以及BIM应用的具体内容以后，接下来的工作才是选择相应的BIM技术路线。企业BIM应用技术路线选择的典型步骤可分为：步骤一，理论上是否可行？步骤二，实现上有无软硬件支持？步骤三，综合效益是否合理？步骤一和步骤二属于影响技术路线选择的技术因素，而步骤三则属于非技术因素。

理论上是否行得通是判断某种BIM应用技术路线是否可行的第一步。对于施工企业而言，尽管每个企业内部的组织架构、部门及岗位数量和职责划分不尽相同，但从BIM应用的角度来分析，基本上都可以归结为技术和商务两大类型，前者包括土建、安装、钢构、幕墙等部门，后者包括商务、成本等部门。也就是说，施工企业BIM应用技术路线的选择至少需要同时考虑技术和商务两种类型部门和岗位的要求。

一旦某种BIM技术路线在理论上确定可行后，就要分析在当前市场上可以使用哪些对应的软硬件产品（注：由于硬件的选择相对简单，本书后面的讨论重点关注BIM软件）来实现这个技术路线，包括这些不同的软硬件之间如何集成或配合工作等。因为对于把BIM当作提高工作效率和质量工具的施工企业而言，如果没有合适的产品支持，所谓的技术路线也就会成为没有实际意义的空中楼阁。

关于实现BIM技术路线所必须要使用的BIM软件，可参考如下被行业广泛认可的基本事实：（1）无论从理论上还是实际上，找不到也开发不出来一个可以解决项目生命周期所有参与方、所有阶段、所有工程任务需求的“超级软件”，即使能有这种软件存在，由于软件用户的专业和岗位分工以及个人能力限制，也找不到需要和能够使用这个软件的“超人用户”。（2）在目前市场已经普遍使用的BIM软件中，找不到任何一款软件其功能、性能、多专业支持、数据交换、扩展开发、价格、厂商实力等各方面都比其他同类软件有优势的，也就是说在任何一类软件中，不同产品都有各自的优劣势。基于上述事实，在确定技术路线的过程中就只能根据BIM应用的主要业务目标和项目、团队、企业的实际情况来选择最“合适”的软件来完成相应的BIM应用内容（应用点）。

当然，这里的“合适”是综合分析项目特点、主要业务目标、团队能力、已有软硬件情况、专业和参与方配合等各种因素以后得出来的结论。而且一个对企业或项目总体“合适”的软件组合，未必对每一位项目成员都最“合适”。因此，不同的专业使用不同的软件，同一个专业由于业务目标不同也可能会使用不同的软件，这都是BIM应用中软件选择的常态。目前全球同行和相关组织如Building SMART International正在努力改善整体BIM应用能力，其主要方向之所以定位为提高不同软件之间的信息互用水平，正是基于市场上不可能产生万能的“超级软件”和无敌的“完美软件”这样一个事实。

2. 目前施工企业采用的BIM技术路线

综合了施工企业技术和商务两种类型部门的业务应用需要和目前市场上常用

的BIM软件现状以后，目前施工企业最普遍采用的BIM技术路线：

（1）土建、安装等技术部门根据设计院提供的施工图，利用Archi CAD、Bentley AECOsim、Magi CAD、Revit、Tekla等软件建立项目BIM技术模型，利用技术模型辅助完成深化设计、施工工艺工序、进度、安全、质量等模拟分析优化工作。同时建模过程也是对施工图的复核检查过程，保证模型和图形的一致性。目前BIM技术模型的建立以及基于该技术模型进行各项施工技术方案研究、论证、模拟、优化的工作主要使用的软件以国外软件为主。

（2）成本预算等商务部门根据图纸利用广联达、鲁班、斯维尔等软件建立项目BIM算量模型，并基于算量模型进行工程算量和成本预算等商务方面的工作，目前施工企业完成这部分工作所使用的软件主要以国内软件为主。

（3）技术路线1中图形和模型的一致性可以通过两种方式来实现：一是图形和模型的互相检查，二是图形由模型生成。技术路线1的不足之处是显然的，即目前同一个项目技术部门和商务部门需要根据各自的业务需求分别创建两次模型。

因此，如果能通过BIM技术模型直接生成算量模型，就可以使商务部门节省全部或部分算量模型的建模工作量，更重要的是提高了商务部门的反应速度，增加了商务成果的及时性、可靠性和准确性。对于从技术模型自动生成算量模型的工作，广联达、鲁班、斯维尔等国内算量软件厂商已经进行了相当一段时间的产品研制和项目实践，但离成熟应用还存在一定的差距。这不仅是产品问题，还存在产品的应用方法问题。相信产品和方法成熟以后，上述技术和管理两类部门只建一次模型的目标应该基本可以实现，这是目前看来业务上和技术上都比较可行的一条路线。

3.BIM应用技术路线

模型的目的是支持应用，即支持项目全寿命期内所有项目参与方的所有专业或岗位完成各自的工程任务，理论上一个建设项目的所有信息都应该可以在一个逻辑上唯一的模型里面进行创建、存储、管理和利用，但是目前市场上还没有能达到这个程度的产品可用。现阶段可行的路线是不同应用根据工程任务需要创建能够支持该工程任务的模型，在此过程中尽可能地重复利用已经存在的各种信息，从实物到电子介质，从图形到模型。如果站在不同模型之间信息互用的角度去分析，不管这些不同的模型为了满足不同应用的需要具备什么样的特殊要求，但是对目标项目同一个对象对应部分信息的描述必须是相同的，否则就意味着该模型描述的不是目标项目。

不同模型的区别在于不同应用所需要用到的目标项目中的对象、对象细度和对象特性是不同的，例如算量模型只要对象的长度、面积和体积准确就可以，至于对象的空间位置以及和其他对象的关系是否准确就不会太多受到关注；用于机电专业施工技术探讨的模型要求与其关联的土建对象的几何尺寸和空间位置准确，至于与其无关的土建对象以及有关土建对象的其他物理力学特性就不重要了。基于以上分析，在这些为不同应用而创建的模型中，究竟什么样的模型更好地具备和其他模型进行信息互用的特性呢？答案显而易见，那就是和实体目标项目比较越真实的模型被其他模型利用的可能和程度就越高，从这个角度分析，技术模型相对目标项目的真实度显然要比算量模型要高。

（三）BIM 技术路线选择的非技术因素分析

施工企业 BIM 应用技术路线的选择不仅要受技术因素的影响，还常受到专业岗位配合、项目特点、人员技能构成等企业内部因素以及业主要求、设计企业配合等企业外部因素的制约。

1. 企业内部因素

（1）企业内部专业或岗位配合。企业选择 BIM 应用技术路线需要综合评估企业内部所有专业和岗位的需求，也就是上述所说的，对企业最合适的技术路线，不一定对每个专业或岗位都最合适。

（2）人员 BIM 能力构成。BIM 是人的工具，因此企业人员的 BIM 能力构成直接影响到企业 BIM 应用技术路线的选择，人员 BIM 能力的改变和提高都需要时间和资源投入。

（3）典型项目类型。每一个BIM软件都有自己的适用范围和突出优缺点，企业选择BIM技术路线要考虑企业本身所面向的主要项目类型，以及不同项目类型的配比等因素。

（4）BIM软硬件性价比。不同软件需要的硬件不同，不同软件和硬件的性价比也不一样，这也是企业在选择技术路线时所必须考虑的。

2. 企业外部因素

（1）业主要求。对BIM没有了解的业主，施工企业可以根据自身的技术路线向业主提出建议，随着业主对BIM技术应用的深入了解，业主为了协调所有项目参与方的BIM应用，一定会对每个项目的BIM应用规定相应的技术路线。（2）与设计企业配合。施工企业的BIM应用技术路线与项目设计企业的技术路线匹配程度，决定了施工企业对设计BIM成果的应用可能和程度。（3）与项目其他施工企业配合。无论施工企业在一个项目中承担工程总承包、施工总承包还是专业分包，都有与上下环节其他施工企业配合的问题，情况和与设计企业配合类似。（4）政府部门要求。随着BIM技术的普及应用，政府部门有可能会在施工质量、安全监督管理以及项目文件验收归档等环节提出与BIM技术路线有关的要求。

BIM的理论、技术、方法、软件工具都还在快速发展阶段，未来一定会对整个建筑业生产方式产生巨大影响，目前情况下，只要应用方法得当，BIM已经可以产生明显的经济和社会效益。项目不同参与方或同一个参与方的不同专业岗位使用不同厂商研发的软件完成各自的工程任务是一个轻易无法改变的BIM应用技术路线选择现实。对于施工企业而言，在BIM应用业务目标已经确定的前提下，土建、安装等技术部门和成本、预算等商务部门两类部门选择合适的技术路线完成BIM应用决定了施工企业BIM应用的投入产出结果甚至成败。施工企业在选择BIM应用技术路线时既需要考虑技术部门和商务部门不同业务需求对技术路线的影响，也需要考虑专业和岗位间协同以及业主需求等来自企业内部和外部的非技术因素。

二、建设单位牵头模式下的 BIM 应用创新

传统管理模式下的建设项目普遍存在产业结构分散、信息交流手段落后等情况，如工程项目规划、设计、施工等过程中，相关工程数据主要采用估算、手工报表、电子文档等方式，各参与方之间的信息交流存在信息传递工作量大、效率低下的情况；同时以二维图形表达的设计结果易造成信息歧义、失真和错误等情况，工程成本一般只能核算建设成本及维护成本，建设项目全寿命周期成本得不到有效核算。本书以某互联网数据中心工程为背景，介绍了如何发挥建设单位的牵头作用，充分利用 BIM 的技术优势，做到设计、施工、运维等各阶段 BIM 应用创新，实现了建设项目全生命周期信息共享。

（一）工程概况及 BIM 应用点

本书所介绍项目为某互联网数据中心工程，位于甘肃兰州新区，总占地面积约 8 万平方米，一期总建筑面积约 3.3 万平方米。该项目设置有约 900m 室外综合管廊、约 1100m 综合支吊架、约 2000 平方米制冷机房、约 5000 多个信息监测点、约 300 多台设备。该项目 BIM 技术的应用提高了工作效率、避免了重复浪费、做到了一次成优，取得了较好的经济效益和管理效果。

（二）BIM 技术相关应用效果

1. 管线综合 BIM 应用

该项目室外综合管廊中设置了室外给水管、消火栓管、供水管、回水管等各种管线及相关强电、弱电桥架，在数据中心走廊区域设置有综合支吊架系统，综合支吊架系统存在管线占用空间大、涉及管线多、管线尺寸差异大、管线重量大等特点。BIM 团队对高差变化处、管线路由变化处、管线交汇处等主要节点进行深化设计，结合设计图纸及规范要求对管线进行合理布置，基于各专业模型优化各管线排布方案，对建筑物竖向设计空间进行检测分析，并给出最优的净空高度，对结构预留孔洞进行校核，生成结构预留孔洞图纸。指导施工单位开展三维技术交底，依据 BIM 模型开展精准定位、精准下料，并进行模拟施工。

通过利用BIM技术的可视化功能，对相关管线进行综合优化，实现三维交底和工序协调，做到了一次成优、避免返工。通过碰撞检查，共发现2700余处碰撞点，通过提前发现问题，避免了约80万元的变更签证费用，节约了工期，提高了管理效益和经济效益。

2. 运维管理BIM应用

本项目针对监测数据多、设备数量多、安全要求高等特点，制定了BIM运维阶段应用策划，实现了资产可视化管理、设备设施运行监控、安全监测、能耗监控等。将相关资产运维管理信息纳入BIM模型，做到交付的运维模型相关几何信息和非几何信息与实际现状一致。运维模型来源于现场实际竣工模型，并经过现场复核确认，做到模型和现场实际情况一致，保证其可靠性。可视化运维管理界面，可以实现实时收集相关设备运行状况的相关信息，提供监测、报警、预警等功能，实现了建设项目全生命周期信息共享。

建筑业信息化技术的快速发展，尤其是物联网技术、BIM技术的快速发展，使得建设项目全生命周期信息共享变得可能。本书以某互联网数据中心工程为背景，介绍了建设单位牵头模式下的BIM在建设项目全生命周期各阶段的创新应用，可以得到以下结论：（1）建设单位牵头制定BIM应用策划，有利于发挥各参建方的主观能动性，对BIM技术的推广应用有较好的效果。（2）建设单位牵头模式下的BIM应用，有利于建设项目全生命周期信息共享，为运维阶段BIM应用提供支撑。（3）BIM技术对运维阶段有设备设施运行监控、资产可视化管理需求的单位有积极的借鉴作用。（4）BIM技术是对传统管理模式、工作方式方法的重大变革，有利于提升管理效益。

第三章　绿色施工与建筑信息模型（BIM）

绿色节能建筑施工需要在传统的进度、质量、费用安全施工目标上考虑节能环保、以人为本、绿色创新等目标。目前国内绿色施工多以传统的施工流程为基础，存在管理模式落后、绿色建筑全寿命周期功能设计和成本考虑不足致使绿色建筑各阶段的方案优化、选择混乱的问题，给后期的运营维护增添很大负担。因此，对绿色建筑施工进行优化是很有必要的。在本章，我们将就绿色施工与建筑信息模型的相关内容进行介绍。

第一节 绿色施工

绿色节能建筑是指在建筑的全寿命周期内，最大限度地节约资源节能、节地、节水、节材、保护环境和减少污染，为人们提供健康、适用和高效的使用空间，与自然和谐共生的建筑。如今，快速的城市化进程、巨大的基础建设量、自然资源及环境的限制决定了中国建筑节能工作的重大意义和时间紧迫性，因此建筑工程项目由传统高消耗发展向高效型发展模式已成为大势所趋，而绿色建筑的推进是实现这一转变的关键所在。绿色节能建筑施工，符合可持续发展战略目标，有利于革新建筑施工技术，最大化地实现绿色建筑设计、施工和管理，以便获取更加大的经济效益、社会效益和生态效益，优化配置施工过程中的人力、物力、财力，这对于提升建筑施工管理水平，提高绿色建筑的功能成本效益大有裨益。

一、绿色施工面临的问题

（一）绿色节能建筑施工面临的问题

国内外绿色施工管理的研究及实践以传统的施工流程为基础，考虑绿色建筑施工特点将项目管理的全寿命周期与可续发展的思路运用于绿色工程实践中，传统的建设项目一般可以划分成：决策阶段、初步设计阶段、施工图设计阶段、招投标阶段、施工阶段以及竣工验收阶段，从项目的全寿命周期来看，传统施工的决策阶段为概念阶段，初步设计到招投标为设计阶段，施工及竣工为施工阶段，此后转交业主，退出运营阶段。在这种施工流程下，业主一般以平行承发包的方式招标勘察、设计、施工、监理等单位。然而这些利益相关方多且目标不一致，与绿色建筑成本节约目标不一致，这单位只关心自己负责的工作，缺乏沟通、相互脱节，给一些单位有机可乘，使得前期勘察工作不会做得深入细化，很多勘察阶段的问题会暴露在设计、施工、运营当中，返工及补救措施会增加全寿命周期成本，更有甚者这些遗留问题会对施工及运营造成很大隐患；也会导致设计单位重技术、质量而轻经济，在施工图纸设计中不考虑造价，将技术、安全、质量提很高，对于技术经济的平衡性考虑不够。

本书选取国内外绿色建筑施工案例和文献，包括北京某奥运场馆、深圳市康沃工业园、广西钦州市公安局指挥中心综合楼工程等案例，对其施工管理的重点工作、建筑功能及成本设计以及所采用的绿色认证标准和施工流程等问题进行了分析和研究，发现当前绿色节能建筑施工中存在：重视施工，轻视前期决策、勘察、设计阶段及后期运营维护阶段的工作、全寿命周期的功能设计及降低成本出发点有待改善、现有的施工流程与绿色建筑认证的需求不匹配等问题。具体为：

1. 在建筑的全寿命周期的功能设计及降低成本出发点有待改善。以最低的成本达到利益的最大化，重视经济效益，必要时可牺牲环境效益，并且注重设计、施工阶段建筑的基本功能，缺乏可持续发展、全寿命期内在基本功能基础上考虑节能绿色元素以及全寿命周期成本的权衡。

2. 现有的施工流程与绿色建筑认证的需求不匹配。目前的绿色施工认证中对于建筑全寿命命期、绿色、节能、环保以及以人为本的要求是旧有的施工流程在对这些问题的考虑上是不足的，在接到项目工作后，往往是按照甲方提供施工设计方案进行组织实施。

在甲方依据绿色施工及LEED等认证标准制定的绿色方案及绿色施工的图纸，这些方案考虑了绿色、节能、人文、全寿命期等因素，这些因素势必引起施工成本增加、流程变复杂，施工周期、风险也相应会加大，施工企业接到项目之后势必会在材料、技术、工艺选用上更加谨慎，如何在多重约束下实现绿色目标是需要权衡成本和功能的，并且在方案确定之后由于甲方在建筑性能及结构上的独特的需求，往往造成施工难度大，稍有不慎又会引起返工高昂的造价费用，保障施工过程返工少，尽量一次施工到位也是非常重要的。由于当前绿色建筑施工重视施工阶段的工作，对绿色节能建筑全寿命周期的功能性设计和成本方面要求考虑不足，以及现有的施工流程与绿色建筑认证的需求不匹配问题的存在，常常导致在绿色建筑策划、设计、施工缺乏绿色环保因素、全寿命周期因素及可持续发展因素的考虑；设计图纸实施，材料、方案的可用性，经济与功能匹配性存在很大风险，最终导致绿色施工难以顺利实施。因此，为了保证项目在造价、进度、质量及绿色认证标准的约束下顺利完成，前期的方案选择和设计深度优化就成为最为关键的问题，然而这在传统的施工流程中比较欠缺，需要考虑绿色施工的特点在传统施工管理流程基础上分别增加方案选择和设计优化环节，对重点问题进行考虑与优化。

（二）绿色节能建筑施工特点

绿色建筑施工与传统施工相比，存在相同点，但从功能性方面和全寿命周期成本方面的要求有很大不同。对比传统施工结合国内外文献和绿色施工案例。分析其相同点，并从施工目标、成本降低出发点、着眼点、功能设计、效益观以及效果 6 个方面分析两者的差异，可以看出绿色建筑施工在建筑功能设计以及成本组成上考虑了绿色环保以及全寿命周期及可持续发展的因素，在与传统施工的异同点对比的基础上，结合相关文献以及本人所在工程的实践，总结出绿色施工 4 个特点：

1. 以客户为中心，在满足传统目标的同时，考虑建筑的环境属性；传统建筑是以进度、质量和成本作为主要控制目标，而绿色建筑的出发点是节约资源、保护环境，满足使用者的要求，以客户的需求为中心，管理人员需要更多地了解客户的需求、偏好、施工过程对客户的影响等，此处的客户不仅仅包括最终的使用者，还包括潜在的使用者、自然等。传统建筑的建造和使用过程中消耗了过多的不可再生资源，给生态环境带来了严重污染，而绿色建筑正因此在传统建筑施工目标上基础上，优先考虑建筑的环境属性，做到节约资源，保护环境，节省能源，讲究与自然环境和谐相处，采取措施将环境破坏程度降到最低，进行破坏修复，或将不利影响转换为有利影响；同时为客户提供健康舒适的生活空间，以满足客户体验为另一目标。最终的绿色建筑不仅要交付一个舒适、健康的内部空间，也要制造一个温馨、和谐的外部环境，最终追求“天人合一”的最高目标。

2. 全寿命周期内，最大限度利用被动式节能设计与可再生能源。不同于传统的建筑，绿色建筑是针对建筑的全寿命周期范围，从项目的策划、设计、施工、运营直到筑物拆除保护环境、与自然和谐相处的建筑。在设计时提倡被动式建筑设计，就是通过建筑物本身来收集、储蓄能量使得与周围环境形成自循环的系统。这样能够充分利用自然资源，达到节约能源的作用。设计的方法有建筑朝向、保温、形体、遮阳、自然通风采光等等。现在节能建筑的大力倡导，使得被动式设计不断被提及，而研究最多的就是被动式太阳能建筑。在建筑的运营阶段如何降低能耗、节约资源，能源是最为关键的问题，这就需要尽量使用可再生的能源，做到一次投入，全寿命期内受益，例如将光能、风能、地热等合理利用。

3. 注重全局优化，以价值工程为优化基础保证施工目标均衡。绿色建筑从项目的策划、设计、施工、运营直到筑物拆除过程中追求的是全寿命周期范围内的建筑收益最大化，是一种全局的优化，这种优化不仅仅是总成本的最低，还包括社会效益和环境效益，如最小化建筑对自然环境的负面影响或破坏程度，最大化环保效益、社会示范效益。绿色施工虽然可能导致施工成本增大，但从长远来看，将使得国家或相关地区的整体效益增加。绿色施工做法有时会造成施工成本的增加，有时会减少施工成本。总体来说，绿色施工的综合效益一定是增加的，但这种增加也是有条件的，建设过程有各种各样的约束，进度、费用、环保等要求，因此需要以价值工程为优化基础保证施工目标均衡。

4. 重视创新，提倡新技术、新材料、新器械的应用。绿色建筑是一个技术的集成体，在实施过程中会遇到诸如规划选址合理、能源优化、污水处理、可再生能源的利用、管线的优化、采光设计、系统建模与仿真优化等的技术问题。相对于传统建筑，绿色节能建筑在技术难度、施工复杂度，以及风险把控上都存在很大的挑战。这就需要建筑师和各个专业的工程师共同合作，利用多种先进技术、新材料及新器械，以可持续发展为原则，追求高效能、低能耗将同等单位的资源在同样的客观条件下，发挥出更大的效能。国内外实践中应用较好的技术方法有BIM、采光技术、水资源回收利用等技术。这些新技术应用可以提高施工效率，解决传统施工无法企及的问题。因此，绿色施工管理需要理念上的转变，也还需要施工工艺和新材料、新设施等的支持。施工新技术、材料、机械、工艺等的推广应用不仅能够产生好的经济效益，而且能够降低施工对环境的污染，创造较好的社会效益和环保效益。

（三）绿色节能建筑施工关键问题

从绿色节能建筑的特点可以看出绿色节能建筑施工是在传统建筑施工的基础上加入了绿色施工的约束，可以将绿色施工作为一个建筑施工专项进行策划管理。根据绿色施工的特点、绿色施工案例和文献，结合LEED标准及建设部《绿色施工导则》等标准梳理出绿色节能建筑施工关键问题，这些问题是现在施工中不曾考虑的，也是要在以后的施工中予以考虑的。因此本书将这些绿色管理内容进行汇总，从全寿命周期的角度进行划分，分为概念阶段的绿色管理、计划阶段的绿色管理，施工阶段的绿色管理以及运营阶段的绿色管理。

1. 概念阶段的绿色管理

项目的概念阶段是定义一个新的项目或者既有项目开展的一个变更的阶段。在绿色施工中，依据“客户第一，全局最优的”理念，可以将绿色施工概念阶段的绿色管理工作分成4部分。首先，需要依据客户的需求制作一份项目规划，将项目的意图、大致的方向确定下来；然后，由业主制定一套项目建议书，其中绿色管理部分应包含建筑环境评价的纲要、制定环境评价的标准、施工方依据标准提供多套可行性方案；第三，业主组织专家做好可行性方案的评审，对于绿色管理内容，一定要做好项目环境影响评价，并从中选出一套可行方案；最后，业主需要确定项目范围，依据项目范围做好项目各项计划，包括绿色管理安排，另外设定目标，建立目标的审核与评价标准。该阶段以工程方案的验收为关键决策点，交付物为功能性大纲、工程方案及技术合同、项目可行性建议书、评估报告及贷款合同等。

2. 计划阶段的绿色管理

当项目论证评估结束，并确定项目符合各项规定后，开始进入计划阶段，需要将工程细化落实，但不仅仅是概念阶段的细化，它更是施工阶段的基础。此阶段需要做好三方面工作：（1）征地、拆迁以及招标；（2）选择好施工、设计、监理单位，并邀请业主、施工单位、监理单位有经验的专家参与到设计工作中，组织设计院对项目各项指标参数进行图纸及模型化，并作好相应管理计划，包括：资源、资金、质量、进度、风险、环保等计划，此过程会发生变更，各方须做好配合和支持工作，组织专家对设计院提交的设计草图和施工图进行审核；（3）做好项目团队的组建，开始施工准备，做好“七通一平”（通电、通水、通路、通邮、通暖气、通讯、通天然气以及场地平整）。此阶段以施工图及设计说明书的批准为关键决策点，交付物为项目的设计草图、施工图、设计说明书以及项目人员聘用合同。

3. 施工阶段的绿色管理

在设计阶段评审合格后，需要将图纸和模型具体化，进行建造施工以及设备安装。施工方应组织工程主体施工并与供应商进行设备安装。此时，主要责任部门为施工方，设计部门做好配合和支持工作，业主与监理部门做好工程建设过程的监督审核，并做好变更管理和过程控制。此阶段是资源消耗与污染产生最多的阶段，因此在此阶段施工单位需采取四项重要措施：（1）建立绿色管理机制；（2）做好建筑垃圾和污染物的防治和保护措施；（3）使用科学有效的方法尽可能高得利用能源；（4）业主与监理部门做好工程建设过程的跟踪、审核、监督与反馈，特别是对绿色材料的应用以及污染物的处理。此阶段以建安项目完工验收为关键决策点，交付物为建安工程主要节点的验收报告以及符合标准的建筑物、构筑物及相应设备。

4. 运营阶段的绿色管理

运营维护阶段是绿色节能建筑经历最长的阶段。建安项目结束后，需要对仪器进行调试，培训操作人员，业主应组织原材料，与工程咨询机构配合，做好运营工作；当建筑到达设计寿命期限，需要做好拆除以及资源回收的工作；在工程运行数年之后按照要求进行后评价，具体是三级评价即自评、同行评议以及后评价，目的是提炼绿色节能建筑施工运营工作中的最佳实践，进一步提升管理能力，为以后的绿色建筑建设运营做先导示范作用。此阶段交付物为工程中试的技术、系统成熟度检验报告，三级后评价报告，维管合同、拆除回收计划、符合标准要求的建筑物、构筑物、设备、生产流程，以及懂技术、会操作的工作人员。

二、基于BIM及价值工程的施工流程优化

（一）绿色施工流程优化

从目前绿色施工企业面临的现状及问题可以看出，当前绿色建筑施工对绿色节能建筑全寿命周期功能性设计和成本方面要求考虑不足，在绿色环保以及全寿命周期及可持续发展因素上有待加强，在接到甲方提供的建筑需求图纸和绿色功能要求能否实施，材料、方案能否可以应用，经济功能能否满足需求这些都是有待考证的。引入这些施工要素势必引起施工成本增加、流程变复杂，施工周期、风险也相应会加大，如何在多重约束下实现绿色目标是需要权衡成本和功能的，并且在方案确定之后由于甲方在建筑性能及结构上的独特需求，往往造成方案施工难度大，稍有不慎又会引起返工高昂的造价费用。因此，前期在初步设计接到概念性的设计图纸之后就对拟选用的方案做好全寿命周期功能及成本平衡分析，从设计源头就选择功能成本相匹配的方案，基于此在以后的设计阶段不断增加设

计深度，在施工图纸出具之后在施工前，对设计进行深化，提高专业的协同、模拟施工组织安排，合理处置施工的风险，减少施工返工、保障施工一步到位，可以对绿色施工目前面临的重视施工阶段、缺乏合理的功能成本分析以及施工流程与绿色认证要求不匹配问题进行应对。

现有的施工流程中缺少方案选择和设计深化部分，可以考虑在整个管理流程上分别增加环节，重点是在初设阶段引入方案的选择与优化，鉴于价值工程强大的成本分析、功能分析、新方案创造及评估的作用以及国际上60余年实践中低投入高回报的优势，从绿色建筑全寿命期的角度入手给出功能定义和全寿命周期成本需要考虑的主要因素，利用价值工程在多目标约束下均衡选优的作用，对业主提供的绿色施工方案从全寿命周期的功能与成本分析，做到从最初阶段入手，提高项目方案优化与选择的效率和效益，同时也可以利用方案选择与优化的过程与结果说服甲方和设计方，可作为变更方案的依据。

尽管通过方案优化选择确定施工方案后由于建筑结构复杂性、施工难度等问题使得传统施工不能发挥很好的作用，可以在施工前加入方案的深度优化，利用BIM强大的建模、数字智能和专业协同性能，进行专业协同、用能模拟，施工进度模拟等对施工方案进行深化，合理安排施工。最后将管理向运营维护阶段延伸，最终移交的不单单是建筑本身，相应的服务、培训、维修等工作也要跟上，对施工流程的优化，虚框的内容是添加的流程。需要说明的是，价值工程及BIM的应用可以贯穿全寿命周期，只是初步设计阶段之后和施工前是价值工程和BIM最重要的应用环节，因此将这两个环节加入原有的施工流程。以下对添加的方案优化与选择环节和BIM对设计的深度优化环节做重点介绍。

（二）基于价值工程的施工流程优化

在初步设计施工企业接到概念性的设计图纸之后就需要对拟选用的方案做好全寿命周期功能及成本平衡分析，从设计源头就选择功能成本相匹配的方案，基于此在以后的设计阶段不断增加设计深度。价值工程的主要思想是整合现有资源，优化安排以获得最大价值，追求全寿命期内低成本高效率，专注于功能提升和成本控制，利用量化思维，将无法度量的功能量化，抓住和利用关键问题和主要矛盾，整合技术与经济手段，系统地解决问题和矛盾，在解决绿色建筑施工多目标均衡、提升全寿命期内建筑的功能和成本效率以及选择新材料新技术上有很好的实践指导作用。因此可以在绿色施工的概念设计出具之后增加新的流程环节，组织技术经济分析小组对重要的方案进行价值分析，寻求方案的功能与成本均衡。价值工程在方案优化与选择环节中主要用途为：挑选出价值高、意义重大的问题，予以改进提升和方案比较、优选。其流程为：（1）确定研究对象；（2）全寿命周期功能指标及成本指标定义；（3）恶劣环境下样品试验；（4）价值分析；（5）方案评价及选择。

1. 全寿命周期功能指标及成本指标定义

在确定研究对象之后，进行功能定义和成本分析。参照LEED标准、绿色建筑评价标准以及实践经验总结绿色建筑研究对象的功能的主要内容，价值工程理论一般将功能分为：基本功能、附属功能、上位功能以及假设功能。基本功能关注的是使用价值和功能价值，即该产品能做什么；附属功能一般是辅助作用，一般是外观设计，关注的是产品还有其他什么功能；后两种功能超出产品本身，一般不在功能分析里讨论。

全寿命周期成本一般包括：初期投入成本和后期的维护运营成本。细化来看初期成本包括：直接费（原材料费用、人工费、设备费用）、间接费、税金等；后期的运营费包括：管理费、燃料动力费、大修费、定期维护保养费、拆除回收费等。

2. 恶劣环境下样品试验

由于建筑物的绿色特性，在设计施工中常常会用到一些新材料、构件，此时需进行样品加工、交检，经检验员对样品进行恶劣环境下如高温曝晒、干燥、潮湿、酸碱等环境下试验，由质监员根据样品的性能指标做最终评审，并记录各项实验指标。

3. 方案评价及选择

依据样品试验以及所求的价值系数，利用价值工程原理对已有方案进行价值提升或者对于新方案进行优选。一般存在 5 条提高价值的途径，可根据项目掌握的信息、市场预测情况、存在的问题以及提高劳动生产率、提高质量、控制进度、降低成本等目标来选择对象合适的方案。

（三）绿色节能建筑施工流程优化应用

鉴于 BIM 技术强大的建模、数字智能和专业协同性能以及国际上 10 余年工程建设实践中低投入高回报的优势，BIM 在追求全寿命期内低成本高效率，专注于功能提升和成本控制，利用量化思维，将细节数据全部展现出来，其目标以最小投入获得最大功能，这与绿色建筑施工的追求寿命期内建筑功能和成本均衡、引用新技术特点是相一致的，因此可以将 BIM 技术作为绿色施工中的一项新技术在施工图纸出具之后施工开始之前引入施工中，在施工流程中增加一个设计深化的流程环节，组织 BIM 工作小组，将施工设计进行深度优化，保障施工顺利进行。

1.BIM 技术在方案深化阶段的应用

考虑到在方案优化后各项构件的昂贵价值以及工程独特复杂性，需要尽量降低返工、误工的损失，保证施工顺利进行，成立项目部成立 BIM 技术小组，将方案深度优化作为新环节加入原来施工流程。利用 BIM 技术进行了 3D 建模，能量模拟、漫游，及管线碰撞等试验，其中：在建模中充分考虑了被动节能设计，预留了采光通风通道，也通过漫游的应用分析对比并不断优化设计方案，为深度优化设计方案；进行了能量模拟，对建筑的节能情况进行了分析，对不合理之处进行改进，碰撞试验解决主体、结构、水电、暖通等不同专业设计图纸的融合，在碰撞试验中发现了 3 处管线铺设不合理之处，通过优化方案和设计，为工程算量、管道综合布置提供了可靠的保障。增加的阶段，BIM 技术作为新技术体现了绿色建筑注重全局优化、全寿命周期最大限度利用被动式节能设计与可再生能源的特性。

2.BIM技术在绿色建筑其他阶段的应用

在其他阶段也可以利用BIM的3D展现能力、精确计算能力以及协同沟通能力，将其应用到绿色建筑中可以很好地体现出绿色建筑的特点。借鉴国内外BIM技术在的绿色建筑施工管理中取得的好的实践，将BIM技术应用于绿色建筑的全寿命周期中，本书结合所在中丹绿色施工项目中的实际应用对BIM在其他阶段应用进行介绍。

（1）BIM技术在决策阶段的应用

在决策阶段，在技术方案中，按照客户对绿色建筑的需求，建立建筑的3D模型，使得各参与方对绿色建筑从一开始就对建筑的内外环境有直观便捷的认识，在对后期建筑设计、施工、运维等方案的认识上更容易达成一致，同时也便于对外展示，起到很好的示范宣传作用。此阶段BIM技术应用充分体现了绿色施工以客户为中心，考虑建筑的环境属性的特点。

（2）BIM技术在施工阶段的应用

在施工阶段，进行了3D建模指导模板支护，为结构复杂的构建施工提供了指导，以旋转楼梯为例，旋转楼梯是由同一圆心的两条不同半径的内外侧螺旋线组成的螺旋面分级而成，每一踏步都从圆心向外放射，虽然内外侧踏步宽度不同，但在每一放射面上的内外侧的标高是相同的。螺旋楼梯施工放线较为复杂，必须先做好业内工作，本工程利用BIM技术，导出该梯梁控制点的ID坐标，实现了无梁敞开式折板清水混凝土旋转楼梯的施工操作，保证施工顺利进行，实施过程无返工，节约了时间，减少了材料的浪费。

另外，进度可视化模拟节约了人工成本，能帮助没有经验及刚参加工作的管理人员更直观地认识工程实体，了解工程进度，提高施工效率；在施工阶段实施了工程算量，实现精细化生产，实际施工中，通过BIM算量指导钢筋、混凝土等的用量，偏差可控制在5%左右，符合低消耗的绿色施工理念，此阶段BIM技术作为新技术体现了绿色建筑节能优化、追求目标均衡的特性。

第二节 建筑信息模型（BIM）

建筑信息模型是参数化的数字模型，能够存储建筑全生命周期的数据信息，应用范围涵盖了整个 AEC 行业。BIM 技术大大提高了建筑节能设计的工作效率和准确性，一定程度上减少了重复工作，使得工程信息共享性显著提高。但是，相关 BIM 软件间互操作性较差，不同软件采用不同的数据存储标准，在互操作时信息丢失严重，形成信息孤岛。建立开放统一的建筑信息模型数据标准是解决信息共享中“信息孤岛”问题的有效途径。在本节中，我们将重点介绍有关建筑信息模型的内容。

一、基于 BIM 技术的绿色建筑分析

（一）国内外绿色建筑评价标准

1. 国外绿色建筑评价标准

随着社会经济的发展，人们对环境特别是居住的舒适性提出了更高的需求，绿色建筑的发展越来越受到人们的关注，绿色评价体系也随之出现。就目前已经出台的评价体系有 LEED 体系、BREEAM 体系、C 体系、CAS BEE 体系以及我国的绿色建筑评价体系。

（1）英国 BREEAM 绿色建筑评价体系

BREEAM 体系由九个评价指标组成，并有相应权重和得分点，其中“能源”所占比例最大。所有评价指标的环境表现均是全球、当地和室内的环境影响，这种方法在实际情况发生变化时不仅有利于于评价体系的修改，也有易于评价条款的增减。BREEAM 评定结果分为四个等级，即“优秀”“良好”“好”“合格”四项。这种评价体系的评价依据是全寿命周期，每一指标分值相等且均需进行打

分，总分为单项分数累加之和，评价合格由英国建筑研究机构颁发证书。

（2）美国 LEED 绿色建筑评价体系

LEED 评价体系由美国绿色建筑委员会（USC）制定的，对建筑绿色性能评价基于建筑全寿命周期，LLED 评价体系的认证范围包括新建建筑、住宅、学校、医院、零售、社区规划与发展、既有建筑的运维管理，这五个五认证范围都是从五大方面进行分析，包括：可持续场地、水资源保护、能源与大气、材料与资源、室内环境质量。LEED 绿色评价体系较完善，未对评价指标设置权重，采用得分直接累加，大大简化了操作过程。LEED 评价体系的评价指标包括室内环境质量、场地、水资源、能源及大气、材料资源和设计流程的创新。LEED 评价体系满分 69 分，分为合格（26 ~ 32）、银质（33 ~ 38）、金质（39 ~ 51）、白金（52 分以上）四类。

（3）德国 DGNB 绿色建筑评价体系

德国 DGNB 绿色建筑评价体系是政府参与的可持续建筑评估体系，该评价体系由德国交通部、建设与城市规划部以及德国绿色建筑协会发起制定，具有国家标准性质和较高的权威性。DGNB 评价体系是德国在建筑可持续性方面的结晶，DGNB 绿色建筑评价标准体系有以下特点：第一，将保护群体进行分类，明确的保护对象包括自然环境资源、经济价值、人类健康和社会文化影响等。第二，对明确的保护对象制定相应的保护目标，分别是保护环境、降低建筑全生命周期的能耗值以及保护社会环境的健康发展。第三，以目标为导向机制，把建筑对经济、社会的影响与生态环境放到同等高度，所占比例均为 22.5%。DGNB 体系的评分规则详细，每个评估项有相应的计算规则和数据支持，保证了评估的科学和严谨，评估结果分为金、银、铜三级，＞ 50% 为铜级，＞ 65% 为银级，＞ 80% 为金级。

2. 国内绿色建筑评价标准

我国绿色建筑评价标准相比其他发达国家起步较晚，由当时的建设部于 2006 年 6 月发布我国第一版《绿色建筑评价标准》，绿色建筑评价体系是通过对建筑从可行性研究开始一直到运维结束，对建筑全寿命周期进行全方位的评价，主要考虑建筑资源节约、环境保护，材料节约、减少环境污染和环境负荷方面，最大限度地节能、节水、节材和节地。

近几年我国绿色建筑发展迅速，绿色建筑的内涵和范围不断扩大，绿色建筑的概念及绿色建筑技术不断地推陈出新，旧版绿色建筑评价标准体系存在一些不足，可概括为三个方面：（1）不能全面考虑建筑所处地域差异；（2）项目在实施及运营阶段的管理水平不足；（3）绿色建筑相关评价细则不够针对性。基于上述情况，住房和城乡建设部 2014 年颁布新版《绿色建筑评价标准》，新标准自 2015 年 1 月 1 日起实施。新版《绿色建筑评价标准》借鉴了国际上比较先进的绿色建筑评价体系，在评价的准确性、可操作性、评价的覆盖范围及灵活性等几个方面都有了较大的进步，同时考虑我国目前的实际情况，增加对管理方面的考虑，在灵活性和可操作性方面均有所提升。

3. 绿色建筑评价指标体系

《绿色建筑评价标准》的评价体系，建立 BIM 指标体系需将《绿色建筑评价标准》中条文数字化，标准中条文可分为两种数据类型：布尔型（假或真）、数值型。数值型标准如标准 4.1.4 规定：建筑规划布局应满足日照要求，且不得降低周边建筑日照标准；4.2.6 规定：场地内风环境有利于室外行走、活动舒适和建筑的自然通风，建筑周围人行区域风速小于 5m/s，除第一排建筑外，建筑迎风与背风表面风压不大于 5Pa，场地内人活动区域不出现涡旋，50% 以上可开启窗内外风压差不大于 0.5Pa；公共建筑房间采光系数满足现行国家标准《建筑采光设计标准》中办公室采光系数不低于 2%；建筑朝向宜避开冬季主导风向，考虑整体热岛效应，有利于通风等相关指标均可以通过 BIM 模型与分析软件通过互操作实现。

（二）基于 BIM 技术绿色建筑分析方法

1. 传统绿色建筑分析流程

通过对传统的建筑设计流程和建筑绿色性能评价流程的分析，传统的建筑绿色性能评价通常是在建筑设计的后期进行分析，模型建立过程繁琐，互操作性差，分析工具和方法专业性较强，分析数据和表达结果不够清晰直观，非专业人员识读困难。

可以看出，传统分析开始于施工图设计完成之后，这种分析方法不能在设计早期阶段指导设计。若设计方案的绿色性能分析结果不能达到国家规范标准或者业主要求，会产生大量的修改甚至否定整个设计方案，对建筑设计成果的修改只能以“打补丁”进行，且会增加不必要的工作和设计成本。传统的建筑绿色性能分析方法的主要矛盾表现在以下几个方面：（1）建筑绿色分析数据分析量较大，建筑设计人员需借助一定的辅助工具；（2）初步设计阶段难以进行快速的建筑绿色性能分析，节能设计优化实施困难；（3）建筑绿色性能分析的结果表达不够直观，需专业人士进行解读，不能与建筑设计等专业人员协同工作；（4）分析模型建立过程繁琐，且后续利用较差。

2. 基于 BIM 技术绿色建筑分析流程

基于 BIM 技术的建筑绿色性能分析与建筑设计过程具有一定的整合性，将建筑设计过与绿色性能分析协同进行，从建筑方案设计开始到项目实施结束，全程参与整个项目中，设计初期通过 BIM 建模软件建立 3D 模型，同时 BIM 软件与绿色性能分析软件具有互操作性，可将设计模型简化后通过 IFC、XML 格式文件直接生成绿色分析模型。

根据前面章节内容总结 BIM 技术分析流程与传统分析流程相比，基于 BIM 技术的建筑绿色性能分析流程具有以下特点：

（1）首先体现在分析工具的选择上面，传统分析工具通常是 DOE-2、PKPM 等，这些软件建立的实验模型往往与实物存在一定的差异，分析项目有限。基于 BIM 技术的绿色分析通过软件间互操作性生成分析模型。

（2）整个设计过程在同一数据基础上完成，使得每一阶段均可直接利用之前阶段的成果，从而避免了相关数据的重复输入，极大地提高了工作效率。

（3）设计信息能高效重复使用，信息输入过程实现自动化，操作性好。模拟输入数据的时间极大缩短，设计者通过多次执行“设计、模拟评价、修正设计”

这一迭代过程，不断优化设计，使建筑设计更加精确。

（4）BIM 技术是由众多软件组成，且这些软件间具有良好的互操作性能，支持组合采用来自不同厂商的建筑设计软件、建筑节能设计软件和建筑设备设计软件，从而使设计者可得到最好的设计软件的组合。此外，基于 BIM 技术的绿色性能分析的人员参与，模型建立、分析结果的表达及分析模型的后续利用与传统方法有根本的不同。

3.BIM 模型数据标准化问题

绿色建筑的评价需依靠一套完整的评价流程和体系，BIM 技术在绿色建筑分析方面有一定优势，但是在绿色建筑分析过程中涉及多种软件，各软件采用的数据格式不尽相同。因此，分析过程中涉及软件互操作问题，目前软件间存在信息共享难、不同绿色建筑分析软互操作性差和分析效率低等问题。本书选取了几种常用的绿色建筑分析软件，分析了不同软件所能支持的典型数据格式，以及不同数据格式的互操作性问题。

二、基于 IFC 标准的绿色建筑信息模型

（一）IFC 标准及信息表达

1.IFC 标准概述

Building SMART 在 1997 年 1 月发布了第一个版本的 IFC 标准 IFC 1.0。IFC 是一个开放的、标准化的、支持扩展的通用数据模型标准，目的是使建筑信息模型（BIM）软件在建筑业中的应用具有更好数据的交换性和互操作性。IFC 标准的 BIM 模型能将传统建筑行业中的典型的碎片化的实施模式和各个阶段的参与者联系起来，各阶段的模型能够更好地协同工作和信息共享，能够减少项目周期内大量的冗余工作。随着技术进步和研究的加深，IFC 的发展始终处在一个动态的、不断趋于完善的环境中，经历了 1.0、1.5、2.0、2x、2x2、2x3、4.0 七次大的版本更新，2005 年被 ISO 收录为国际标准，标准号为 ISO-PAS 16739，目前最新的版本是 IFC4.0。

此外，IFC模型采用了严格的关联层级结构，包括四个概念层。从上到下分别是领域层(Domain Layer)，描述各个专业领域的专门信息，如建筑学、结构构件、结构、分析、给水排水、暖通、电气、施工管理和设备管理等;共享层(Interoperability Layer)，描述各专业领域信息交互的问题，在这个层次上，各个系统的组成元素细化；核心层(Core Layer)，描述建筑工程信息的整体框架，将信息资源层的内容用一个整体框架组织起来，使其相互联系和连接，组成一个整体，真实反映现实世界的结构；资源层(Resource Layer)，描述标准中可能用到的基本信息，作为信息模型的基础服务于整个BIM模型。

IFC标准在描述实体方面具有很强的表现能力，是保证建筑信息模型（BIM）在不同的BIM工具之间的数据共享性方面的有效手段。IFC标准支持开放的互操作性建筑信息模型能够将建筑设计、成本、建造等信息无缝共享，在提高生产力方面具有很大的潜力。但是，IFC标准涵盖范围广泛部分实体定义不够精确，存在大量的信息冗余，在保证信息模型的完整性和数据交换的共享程度方面仍不能够满足工程建设中的需求。因此对特定的交换模型清晰的定义交换需求、流程图或者功能组件中所包含的信息，应制定标准化的信息交付手册（IDM），然后将这些信息映射成为IFC格式的MVD模型,从而保证建筑信息模型数据的互操作性。

随着IFC版本的不断更新，IFC的应用范围也在不断地扩大。IFC2.0版本可以表达建筑设计、设施管理、建筑维护、规范检查、仿真分析和计划安排等六个方面的信息，IFC2x3作为最重要的一个版本，其覆盖的内容进一步扩展，增加了HVAC、电气和施工管理等三个领域，伴随着覆盖领域的扩展，IFC架构中的实体数量也在不断补充完善，IFC中实体数量的变化情况，最新的IFC 4中共有766个实体，比上一版本的IFC 2x3多113个实体。FC4在信息的覆盖范围上面有较大的变化，着重突出了有关绿色建筑和GIS相关实体。对在绿色建筑信息集成方面的对应实体问题，在IFC 4中通过扩展相关实体有所改善，新增的实体可以使得IFC的建筑信息模型在绿色建筑信息与XML在信息共享程度有所改善。

2.IFC标准应用方法

IFC 标准是一个开放的、具有通用数据架构和提供多种定义和描述建筑构件信息的方式，为实现全寿命周期信息的互操作性提供了可能。正因为 IFC 的这用特性，使其在应用过程中存在高度的信息冗余，在信息的识别和准确获取存在一定的困难。我们可以用标准化的 IDM 生成 MVD 模型提高 BIM 模型的灵活性和稳定性。针对建筑绿色性能分析数据的多样性和信息共享存在的问题，XML 标准能够较好地实现建筑绿色性能分析数据的共享，对 IFC 在建筑绿色性能分析中共软件互操作性差的问题，也可尝试将 IFC 标准数据转换成 XML 格式提高互操作性。

MVD（Model View Definition）是基于 IFC 标准的子模型，这个子模型定义所需要的信息由面向的用户和所交换的工程对象决定。模型视图定义是建筑信息模型的子模型，是具有特定用途或者针对某一专业的信息模型，包含本专业所需的全面部信息。生成子模型 MVD 时首先要根据需求制定信息交付手册（Information Delivery Manual），一个完整的 IDM 应包括流程图（Process Map）、交换需求（Exchange Requirements）和功能组件（Functional Parts），其制定步骤可以概括为三步：（1）确定应用实例情况的说明，明确应用目标过程所需要的数据模型；（2）模型交换信息需求的收集整理和建立模型，从另一方面说，第一步的案例说明可以包括在模型交换需求收集和建模中去，与其相对应的步骤就是明确交换需求（Exchange Requirements），交换需求是流程图（Process Map）在模型信息交换过程中的数据集合；（3）在明确需求的基础上更加清晰地定义交换需求、流程图或者功能组件中所包含的信息，然后将这些信息映射成为 IFC 格式的 MVD 模型。

美国国家建筑信息模型标准 NB IMS 中，对生成 MVD 模型可以总结为四个核心过程，即：计划阶段、设计阶段、建造阶段和实施阶段。计划阶段首先是建立工作组，明确所需的信息内容，制定流程图和信息交换需求。设计阶段根据计划阶段制定的 IDM 形成信息模块集，进而形成 MVD 模型。建造阶段将上一步的模型转换成基于 IFC 的模型，通过应用反馈修改完善模型。部署阶段是形成标准化的 MVD 生成流程，同时检验其完整性。另外一种生成 MVD 模型的方法是扩展产品建模过程，Extended Process to Product Modeling 是在 BPPM 改进的基础上形成，

BPPM与2006年被认定为IDM标准流程，xPPM方法从三个方面改善MVD的生成:

（1）只用BPPM中流程图的部分符号代替全图符号。

（2）弱化IDM与MVD模型之间的差别。

（3）用XML文件代替文档文件存储交换需求、功能组件和MVD模型。

3. 绿色建筑数据标准XML

建筑信息模型（BIM）技术能够很好地解决建筑信息共享存在的困难，IFC作为当前主流的BIM标准，其数据格式能够存储建筑工程各专业的工程信息。但是，仍然有一些建筑绿色性能分析软件与IFC格式文件的互操作性较差。针对建筑绿色性能数据共享的问题，Bentley Systems于2000年发布XML标准，并于同年发布XML标准1.0，最新版本为2015年发布的XML-V 6.01。本节中将对XML标准的特点及信息的表述和交换机制进行阐述。

（1）XML标准阐述

绿色建筑标准XML旨在促进建筑信息模型的互操作性，能够使不同的建筑设计和工程分析工具间具有良好的互操作性能。XML则主要是针对BIM建模工具与建筑能耗分析工具间的互操作性，一些常见的BIM工具和分析软件均支持XML标准，XML标准是基于可扩展XML（Extensible Markup Language）语言为基础，XML计算机语言在软件间进行信息共享过程中尽可能地减小人为因素的干扰。

因此，绿色建筑数据交换标准最终目的是用以实现建筑绿色性能数据在不同分析工具之间共享，实现模型的整合，由于XML格式数据包含详细的建筑绿色性能相关的信息，能够直接在分析工具中进行分析。

通过对XML V-6.01版本标准整理，它共包含346个元素和167个数据类型，这些元素和类型基本上涵盖了建筑的几何形状、环境、建筑空间分割、系统设备和人员的作息。其中典型的节点元素有：园区（Campus）、照明系统（Lighting System）、建筑（Building）、空间（Space）、层（Layer）、材质（Material）、窗类型（Window Type）、分区（Zone）、地理位置（Location）、年作息元素（Schedule）、周作息元素（Week Schedule）、历史档元素（Document History）等。

XML 标准与 IFC 标准在对建筑构件信息的表达方式不尽相同，在对模型空间信息的解析均是通过 Site/Campus（场地）、Building（建筑）、Layer（楼层）、Element（构件）等方式进行分解表达，在对建筑设备信息的表示方面 XML 标准则是以水、电、暖分别进行表示，IFC 标准中是通过抽象实体 Ifc Distribution System 或 Ifc Distribution Element 表示。基于两种标准在对建筑构件信息表达方面有相同之处又有不同之处，全部实体并不都是一一对应关系。

（2）XML 与绿色建筑信息模型

绿色建筑信息标准 XML 可提高建筑信息模型的共享，使不同的建筑设计和工程分析软件之间具有互操作性，简化设计过程和提升设计精度，设计更加节能的建筑产品。

XML 标准建立的绿色建筑分析模型，以 Compus 元素为根节点，关联 Building 元素和场地元素，建筑元素关联楼层和空间元素，建筑楼层和空间元素之间由 Building Story Id 进行关联。构件材质信息和位置气象信息由 Construction 和 Weather 描述，建筑设备系统通过 Air Loop、Lighting System 等元素描述。根据前面章节的介绍可知，XML 标准是基于可扩展的 XML 语言，只进行信息的描述而不表示信息的彼此关系。每一个 Surface 元素都包含 Rectangular Geometry 和 Planar Geometry 两方面的几何信息，目的是验证从其他软件传递的信息的正确性。Rectangular Geometry 通过四个坐标点定义一个曲面，而每一个坐标点通过（x，y，z）三维坐标表示。为选取窗构件为样例说明 XML 中窗的表达方式，首先由 Rectangular Geometry 确定位置起点，Planar Geometry 定义所有的坐标位置。通过对 XML 标准中建筑信息分解和表达方式的分析，结合 XML 标准建立的建筑绿色性能分析模型可用于建筑能耗、光、风、日照时长、采光等相关性能分析等因素，建立基于 XML 标准的简化绿色建筑信息模型，XML 元素为模型根节点，对建筑场地设施、材质信息、建筑所处气候信息、建筑暖通空调等元素关联。

4.BIM 模型与绿色建筑分析软件互操作性问题

互操作性的定义指“不同的功能单元中以一定的方式进行数据传输、转换和准确执行能力”，在AEC行业中互操作性的定义是“在不同参与者间进行数据管理和交换信息模型的能力”，本书中的互操作性是指建筑信息模型能够无缝地与绿色建筑分析软件共享。目前就建筑信息模型与绿色建筑分析软件信息间几个典型的互操作问题在AEC行业已经明确。基于BIM技术绿色建筑分析的主要障碍就是BIM模型与绿色分析软件间互操作性问题，限制BIM模型与绿色建筑分析软件互操作性的原因是开放的数据标准。

IFC标准能够将建筑全生命周期信息和项目所有参与专业人员集成到一个建筑信息模型中协同工作，IFC、XML标准理论上可以提高BIM模型的互操作性，两种标准具体标准的数据架构，为传递建筑信息模型中几何信息和空间信息提供参考。在3D模型的信息共享中，IFC、XML标准建筑信息模型是采用开源的数据标准清晰表示建筑信息。但是，IFC标准在解决建筑全生命周期中全部信息互操作性问题仍有局限性，不能很好支持多种产品级别的建筑信息。

IFC标准和XML标准在绿色建筑分析互操作方面的问题主要表现在以下几个方面：（1）IFC标准数据架构覆盖各种建筑信息，同时也伴随着信息冗余问题；（2）不同公司BIM软件有各自的功能集合，提供了多种方式定义相同的建筑构件及其关系，因此在信息共享时如何定义建筑构件带来一定困难；（3）XML标准在建筑绿色性能信息共享方面提供了一个可靠方法，但目前主流BIM建模工具不能完全支持XML，且导出XML文件时对模型要求较高，导出流程可操作性较差；（4）各BIM软件开发者均拥有各自的一整套文件交互标准，不同公司的软件均不是采用统一开放的数据格式。

目前，XML是AEC行业中主流的通用数据标准，一定程度上提高了建筑信息模型的互操作性。但是，实际工程应用过程中互操作性问题引起分析结果错误时有发生，在绿色建筑分析过程中全面运用XML标准仍很困难且结果的准确性很难验证。因此，有必要对基于IFC、XML标准的建筑信息模型与绿色建筑分析软件之间的信息传递进行分析，确定建筑信息丢失或产生信息传递错误的内容以及探讨建筑绿色性能分析结果的准确。第四章将展开绿色建筑信息模型与绿色建筑分析软件之间互操作性研究。

第三节 绿色 BIM

生命周期 (Life-Cycle) 的概念，应用非常广泛，可以将该概念解释为“从摇篮到坟墓”(Cradle-to-Grave) 的过程，简而言之则表示来自大自然，最终又归于自然的这一全过程，相较于产品而言，则是表示既有原料收购、加工等这一生产过程，亦有产品储存、运输等这一流通过程，还有产品的使用过程，还有产品荒废回到自然的过程，因而以上从头至尾的全过程则就形成了一套完备产品的生命周期。建筑物作为一种特殊的产品，自然也有自身的生命周期。绿色建筑的基本概念是在建筑的全生命周期内，尽可能地维护自然资源、力图环保，减少污染，从而来为人们营造一个与自然和谐相处的舒适、健康、高效的建筑空间。绿色建筑研究的生命周期包括规划、设计、施工、运营与维护，向上扩展到材料的生产和原料，向下扩展到拆除与回收利用。建筑对资源和环境的影响在全生命周期中则相对侧重其在时间上的意义。从规划设计之初到接下来的施工建设、运营管理，直到拆除都体现了建筑设计是不可逆的过程。由于人们对建筑全生命周期的重视，因此在规划设计阶段中则会利用“反规划”设计手段来对周边条件分析，减少人类开发活动的工程量，在建筑投入使用后仍能提供满足需求的活动场所，而且能减少其在拆除后对周边环境所带来的危害。

一、绿色建筑的相关理论研究

（一）绿色建筑的概念

目前，在我国得到专业学术领域和政府、公众各层面上普遍认可的“绿色建筑”的概念是由建设部在 2006 年发布的《绿色建筑评价标准》中给出的定义，即“在建筑的生命周期内，最大限度地节约资源（节能、节地、节水、节材）、保护环境和减少污染，为人们提供健康、适用和高效的使用空间，与自然和谐共生的建筑”。

绿色建筑相对于传统建筑的特点：1. 绿色建筑相比于传统建筑，采用先进的绿色技术，使能耗大大降低；2. 绿色建筑注重建筑项目周围的生态系统，充分利用自然资源，光照、风向等，因此没有明确的建筑规则和模式。其开放性的布局较封闭的传统建筑布局有很大的差异；3. 绿色建筑因地制宜，就地取材。追求在不影响自然系统的健康发展下能够满足人们需求的可持续的建筑设计，从而节约资源，保护环境；4. 绿色建筑在整个生命周期中，都很注重环保可持续性。

（二）绿色建筑设计原则

绿色建筑设计原则概括为地域性、自然性、高效节能性、健康性、经济性等原则。

1. 地域性原则

绿色建筑设计应该充分了解场地相关的自然地理要素、生态环境、气候要素、人文要素等方面，并对当地的建筑设计进行考察和学习，汲取当地建筑设计的优势，并结合当地的相关绿色评价标准、设计标准和技术导则，进行绿色建筑的设计。

2. 自然性原则

在绿色建筑设计时，应尽量保留或利用原本的地形、地貌、水系和植被等，减少对周围生态系统的破坏，并对受损害的生态环境进行修复或重建，在绿色建筑施工过程中，如有造成生态系统破坏的情况下，需要采用一些补偿技术，对生态系统进行修复，并且充分利用自然可再生能源，如光能、风能、地热能等。

3. 高效节能原则

在绿色建筑设计体形、体量、平面布局时，应根据日照、通风分析后，进行科学合理的布局，以减少能源的消耗。还有尽量采用可再生循环、新型节能材料，和高效的建筑设备等，以便降低资源的消耗，减少垃圾，保护环境。

4. 健康性原则

绿色建筑设计应全面考虑人体学的舒适要求，并对建筑室外环境的营造和室内环境进行调控，设计出对人心理健康有益的场所和氛围。

5. 经济原则

绿色建筑设计应该提出有利于成本控制的、具有经济效益的、可操作性的最优方案，并根据项目的经济条件和要求，在优先采用被动式技术前提下，完成主动式技术和被动式技术相结合，以使项目综合效益最大化。

（三）绿色建筑设计目标

目前，对绿色建筑普遍认同的认知是，它不是一种建筑艺术流派，不是单纯的方法论，而是相关主体（包括业主、建筑师、政府、建造商、专家等）在社会、政治、文化、经济等背景因素下，试图进行的自然与社会和谐发展的建筑表达。

观念目标是绿色建筑设计时，要满足减少对周围环境和生态的影响；协调满足经济需求与保护生态环境之间的矛盾；满足人们社会、文化、心理需求等结合环境、经济、社会等多元素的综合目标。

评价目标是指在建筑设计、建造、运营过程中，建筑相关指标符合相应地区的绿色建筑评价体系要求，并获取评价标识。这是当前绿色建筑作为设计依据的目标。

（四）绿色建筑设计策略分析

绿色建筑在设计之前要组建绿色建筑设计团队，聘请绿色建筑咨询顾问，并让绿色咨询顾问在项目前期策划阶段就参与到项目，并根据《绿色建筑评价标准》进行对绿色建筑的设计优化。绿色建筑设计策略如下：

1. 环境综合调研分析，绿色建筑的设计理念是与周围环境相融合，在设计前期就应该对项目场地的自然地理要素、气候要素、生态环境要素人工等要素进行调研分析，为设计师采用被动适宜的绿色建筑技术打下好的基础。

2. 室外环境绿色建筑在场地设计时，应该充分与场地地形相结合，随坡就势，减少没必要的土地平整，充分利用地下空间，结合地域自然地理条件合理进行建筑布局，节约土地。

3. 节能与能源利用：（1）控制建筑体形系数，在以冬季采暖的北方建筑里，建筑体型系数越小建筑越节能，所以可以通过增大建筑体量、适当合理地增加建筑层数、或采用组合体体形来实现。（2）建筑围护结构节能，采用节能墙体、高效节能窗，减少室内外热交换率；采用种植屋面等屋面节能技术可以减少建筑空调等设备的能耗。（3）太阳能利用，绿色建筑太阳能利用分为被动式和主动式太阳能利用，被动式太阳能利用是通过建筑的合理朝向、窗户布置和吊顶来捕捉控制太阳能热量；而主动式太阳能利用是系统采用光伏发电板等设备来收集、储存太阳能来转化成电能。（4）风能的利用，绿色建筑风能利用也分为被动式和主动式风能利用，被动式风能利用是通过合理的建筑设计，使建筑内部有很好的室内室外通风；主动式风能利用是采用风力发电等设备。

4. 节水与水资源利用：（1）节水，采用节水型供水系统，建筑循环水系统，安装建筑节水器具，如节水水龙头、节水型电器设备等来节约水资源。（2）水资源利用，采用雨水回收利用系统，进行雨水收集与利用。在建筑区域屋面、绿地、道路等地方铺设渗透性好的路砖，并建设园区的渗透井，配合渗透做法收集雨水并利用。

5. 节材与材料利用，采用节能环保型材料、采用工业、农业废弃料制成可循环再利用的材料。

6. 室内环境质量，进行建筑的室内自然通风模拟、室内自然采光模拟、室内热环境模拟、室内噪声等分析模拟。根据模拟的分析结果进行建筑设计的优化与完善。

二、BIM 技术相关标准

BIM 技术的核心理念是，基于三维建筑信息模型，在建筑全生命周期内各个专业协同设计，共享信息模型，提高工作效率。为了方便相关技术、管理人员共享信息模型，大家需要统一信息标准，BIM 标准可以分成三类：分类编码标准、数据模型标准、过程标准。

1. 分类编码标准

是规定建筑信息如何进行分类的标准，在建筑全生命周期中会产生大量不同种类的信息，为了提高工作效率，需要对信息进行的分类，开展信息的分类和代码化就是分类编码标准不可缺少的基础技术。现在我国采用的分类编码标准，是对建筑专业分类的《建筑产品分类和编码》和用于成本预算的工程量清单计价规范《建设工程清单计价规范》。

2. 数据模型标准

是交换和共享信息所采用的格式的标准，目前国际上获得广泛使用的包括 IFC 标准、XML 标准和 CIS/2 标准，我国采用 IFC 标准的平台部分作为数据模型的标准。

（1）IFC 标准是开放的建筑产品数据表达与交换的国际标准，其中 IFC 是 Industry Foundation Classes 的缩写。IFC 标准现在可以被应用到整个的项目全生命周期中，现今建筑项目从勘察、设计、施工到运营的 BIM 应用软件都支持 IFC 标准。

（2）XML 是 The Green Building XML 的缩写。XML 标准的目的是方便在不同 CAD 系统的，基于私有数据格式的数据模型之间传递建筑信息，尤其是为了方便针对建筑设计的数据模型与针对建筑性能分析应用软件及其对应的私有数据模型之间的信息交换。

（3）CIS/2 标准是针对钢结构工程建立的一个集设计、计算、施工管理及钢材加工为一体的数据标准。

3. 过程标准

过程标准是在建筑工程项目中，BIM 信息的传递在不同阶段、不同专业产生的模型标准。过程标准主要包含 IDM 标准、MVD 标准以及 IFD 标准。

三、BIM在设计阶段应用软件介绍

1. Autodesk Auto CAD Civil 3D

Autodesk Auto CAD Civil 3D是用于场地设计的BIM软件，在建筑设计前期场地的气候、地貌、周围的建筑、周围现有交通、公共设施都影响了设计的决策。所以对建筑场地的模型的建立与分析成为必要，因而借助BIM强大的数据收集处理特性为场地提供了更加科学的分析和更精确的导向性计算的基础，BIM可以作为可视化和表现现有场地条件的有力工具，捕获场地现状并转化为地形表面和轮廓模型，以作为施工调度活动的基础。GIS技术可以帮助设计者对不同场地特性，以及选择场地的建设方位。通过BIM与地理信息系统GIS的配合使用，设计者可以精确地对场地和拟建建筑在BIM平台的组织下生成数据模型，为业主、建筑师以及工程师确定最佳的选址标准。

运用BIM进行场地分析的优势：通过量化计算与处理，以确定拟建场地是否满足项目要求，技术因素和金融因素等标准。模拟还原场地周围环境，便于设计师进行场地的设计，建立场地模型，科学分析场地高程等情况，为建筑师进行建筑选址提供了科学的依据。

通过场地模型建立，模拟场地平整，尽量降低土地的平整费用。使用阶段：数据采集、场地分析、设计建模、三维审图集及协调、施工场地规划、施工流程模拟。支持格式：DWG等常用格式。

2. Autodesk Revit

Autodesk Revit是基于开发BIM软件。Autodesk Revit可以帮助专业设计和施工人员使用协调一致的基于模型的方法，将设计创意从最初的概念变为现实的构造。Autodesk Revit是一个综合性的应用程序，其中包含适用于建筑设计、MEP和结构工程以及工程施工的各项功能。

（1）建筑设计工具

Autodesk Revit可以按照建筑师和设计者的意图进行设计，从而开发出质量和精确度更高的建筑设计。查看功能以了解如何使用专为支持建筑信息建模(BIM)

工作流而建的建筑设计工具，捕捉并分析设计概念，并在设计、文档制作和施工期间体现设计理念。

（2）结构设计工具

Autodesk Revit 软件是面向结构工程设计公司的建筑信息建模(BIM)解决方案，提供了专用于结构设计的各种工具。查看 Revit 功能的图像，包括改进结构设计文档的多领域协调能力、最大限度地减少错误以及提高建筑项目团队之间的协作能力。

（3）MEP 设计工具

Autodesk Revit 软件为机械、电气和管道工程师提供了多种工具，可设计最为复杂的建筑系统。查看图像以了解 Revit 如何支持建筑信息建模 (BIM)，从而有助于促进高效建筑系统的精确设计、分析及文档制作，适用于从概念到施工的整个周期。

使用阶段：阶段规划、场地分析、设计方案论证、设计建模、结构分析、三维审图集及协调、数字建造与预制件加工、施工流程模拟。支持格式：DWG，JPEG，GIF 等常用格式。

3. Autodesk Eco tect

Autodesk Eco tect 软件是一个全面的、从概念到细节进行可持续建筑设计的工具。Autodesk Eco tect 提供了广泛的性能模拟和建筑节能分析功能，可以提高现有建筑和新建建筑的设计性能。它也是在线资源、水和碳排放分析能力整合工具，使用户能可视化地对其环境范围内建筑物的性能进行模拟。其主要功能有：

（1）建筑整体的能量分析——使用气象信息的全球数据库来计算逐年、逐月、逐天和逐时的建筑模型的总的能耗和碳排放量。

（2）热性能——计算模型的冷热负荷和分析对入住率、内部得益与渗透以及设备的影响。

（3）水的使用和成本评估——评估建筑内外的用水量。

（4）太阳辐射——可视化显示任意一个时段窗户和外围护结构面的太阳辐

射量。

（5）日照——计算模型上的任意一点的采光系数和照度水平。

（6）阴影和反射——显示相对于模型在任何日期、时间和地点的太阳的位置和路径。

除此之外，Autodesk Eco tect 还有自然通风、声学分析等使用阶段：场地分析、环境分析、能源分析、照明分析等。

第四章 BIM 技术在建筑工程绿色施工过程中的应用实例

进入新世纪以来，我国城市化进程不断加速，城市面貌日新月异，建筑市场的规模随之不断扩大，建筑业已经成为国民经济的支柱产业之一。但是，繁荣景象的背后，却存在着巨大的资源浪费和环境问题。推进绿色施工模式已经成为在国家致力于建设“资源节约型和环境友好型社会”，以及倡导“低碳经济”“循环经济”的大背景下的必然之选。在本章中我们将就BIM技术在建筑工程绿色施工过程中的应用实例进行介绍。

第一节 BIM技术在建筑工程绿色施工中的应用价值

我国目前正处于城镇化快速推进阶段，建筑业的飞速发展对资源、能源和环境等造成了巨大影响，推行绿色施工势在必行。绿色施工导则提出要加强信息技术在绿色施工中的应用，而BIM技术正是其中重要一环。深入研究BIM技术在绿色施工中的应用对更好地实现绿色施工“四节一环保”的目标具有重要意义。

一、BIM技术绿色施工优势及应用流程分析

（一）BIM技术绿色施工优势分析

BIM技术应用于建筑工程绿色施工主要有以下几大优势：

1. 可视化及施工模拟

工程实施阶段利用BIM技术进行施工模拟，在可视化条件下检查各过程工作之间的重合和冲突部分，可以方便地观看在下道工序中可能造成的一些过错所造成的损失或延期，还可以通过前期预检来优化净距、优化布置方案，以可视化视角来指导施工过程。

2. 有效协同

利用BIM技术进行虚拟施工能够快速直观地将预先制订好的进度计划与实际

的情况联系起来，通过对比分析使参与各方有效协同工作，包括设计方、监理方、施工方甚至并非工程技术出身的业主和领导都可对施工项目的各方面信息和面临问题有一个清晰的判断和掌握。

3. 碰撞检查

BIM 技术可以对参建各方的专业信息模型进行一个预先的碰撞检查，包括安装工程各专业之间及安装与结构之间。对查找出的碰撞点对其施工过程进行模拟并在三维状态下进行查看，方便技术人员直观地了解碰撞产生的原因并制定解决方案。

4. 进度管理

基于 BIM 方式，可以充分利用可视化手段，通过进度计划与模型信息的关联，对处于关键路线的工程计划及其施工过程进行四维立体的仿真模拟，对非关键路线的重要工作要有一个提前检查的过程，对可能存在的影响因素做好防范应对。还可以对实际的情况通过模拟之后与当前已完成工作进行一个比对校核，发现存在的错误。合理有效地分配建造活动中所需的各类设施，合理调度现场场地变更，保障施工进度正常推进。

5. 资源节约

在节约用地方面，在对项目进行深化设计时应对整个施工场地进行充分调研，利用 BIM 技术进行施工场地模拟布置，使场地布置对建筑的容纳空间达到最大化，提高现场施工的便利程度，进而提高土地利用效率。在节约用水方面，运用 BIM 技术仿真模拟的功能对现场各型设备和各部位等施工用水进行仿真演示，对其正常使用和损耗进行统计，确保对用水进行合理控制。同时汇总现场各型设备和各部位的用水量，运用 BIM 技术协调现场给排水和施工用水以避免水资源浪费。

在节约材料方面，利用 BIM 技术对方案进行设计深化、施工方案优化、碰撞检查、虚拟建造、三维可视化交底、精确工程量统计等来促进建筑材料的合理供应（限额领料）及使用过程中的跟踪控制，减少各种原因造成的返工和材料浪费，以达到节材的目的。在节约能源方面 BIM 技术可以实现能源优化使用。在建立项目三维模型的过程中我们设置了多种能源控制参数，在实际施工开展前对项目施工过程中的关键物理现象和功能现象进行数字化探索，有效帮助参建各方进行诸多方面的能源使用和优化性能分析，最大限度地降低能源损耗。

（二）绿色施工中BIM技术具体应用

基于四维图新大厦项目特点，根据设计阶段提供的CAD图纸，着重研究项目在实施绿色施工时三维模型建立、施工场地布置、碰撞检查、工程量精确统计及现场材料管理等，推行BIM技术条件下绿色施工精细化管理。

根据本项目实际需求，采用Revit软件建立建筑、结构、机电模型并将模型整合在一个项目中；采用Navis work软件进行碰撞检测、重要节点可视化交底等。针对BIM技术在本项目绿色施工中的应用点，主要从施工场地三维布置、建模及图纸审查、施工模拟、管线碰撞检查及深化设计、三维可视化交底、砌体排布、基于精确工程量统计的限额领料等方面来研究BIM技术在绿色施工中的应用。

1. 施工场地三维布置

基于建立好的四维图新大厦BIM模型，对施工场地进行科学的三维立体规划，包括生活区、结构加工区、材料仓库、现场材料堆放场地、现场道路等的布置，可以直观地反映施工现场情况，保证现场运输道路畅通、方便施工人员的管理，有效避免二次搬运及事故的发生，节约施工用地。

2. 建模及图纸审查

建立BIM建模首先需要对工程原方案进行分析，提取出工程类型、体量、结构形式、标高信息等。其次要确定统一的项目样板、模型命名规则、公用标准信息设置、模型细度要求等，使各单位在统一标准下建立模型。在建模过程中，技术人员会发现大量图纸问题，分类汇总并提出解决方案并在模型中体现，提前避免材料浪费。

3. 施工模拟

基于建立好的四维图新大厦BIM模型，对复杂施工位置，进行可视化查看，发现施工中可能出现的问题，以便在实际施工之前就采取预防措施，从而达到项目的可控性，并降低成本、缩短工期、减少风险，增强绿色施工过程中的决策、优化与控制能力。

4. 管线碰撞检查及深化设计

将各专业建立的BIM模型整合在一起，通过Navis work软件在电脑中提前查找出各专业（结构、暖通、消防、给排水、电气桥架等）空间上的碰撞冲突，提前发现图纸中的问题，电脑自动输出碰撞报告，然后对碰撞点进行深化设计。四维图新大厦发现的碰撞点如下：±0以下共发现402处，±0以上共发现1063处。其中输出了穿墙、穿板洞口312处，其中有效规避了96处，输出了268个有效管线碰撞点。会同技术人员对机电专业之间的碰撞进行深化设计予以规避，对穿墙、穿板管线预留洞口或预埋套管，减少施工阶段可能存在的返工风险。

5. 三维可视化交底

三维可视化交底可让施工班组清晰直观地明白重难点所在，根据出具的复杂节点剖面图，避免让多专业在同位置管道碰撞，避免单专业安装后其余专业管道排布不下需要重新返工的现象。利用管线综合优化排布后的模型，对技术人员以及施工班组进行交底，指导后期管道安装排布，利用剖面图更直观地体现复杂节点处管道的排布，避免多工种多专业在施工时出现争议，在提升工作效率的同时也提升了工作质量。

6. 砌体排布

将建立好的土建模型导入鲁班施工软件中利用施工软件中墙体编号功能对每一堵墙体进行有序编号，并对编号的墙体依次按照设置的砌体规格种类和灰缝大小等参数进行排布从而得出相应编号墙体各种规格砌体用量和排布图，最后形成项目按编号墙体砌体用量来指导砌体施工。

7. 基于精确工程量统计的限额领料

运用BIM系统强大的数据支撑共享平台，使各条线工作人员可方便快捷提取到工程数据，方便材料用量的提取核对。利用BIM系统精确快速地提取实时材料用量，对施工班组的各楼层材料领用核对，利用BIM系统可快速的提取出各楼层的材料用量，并对施工班组提交的领料单进行核对，大大地精确了材料的用量，避免材料多领浪费。

（三）经济效益分析

与原设计方案的工期、成本、造价等相比，采用BIM技术后可在绿色施工过程中实现以下指标：

1. 碰撞检查

将机电各专业模型合并到一起进行碰撞检查，本项目共检查出碰撞490余处，经过筛选后得出有效碰撞检测点268处，可有效节省人工约36个工日，节约时间6天，人工每工日200元计算，则避免返工、材料费19.6万元。

2. 洞口预留

运用BIM技术将机电模型结构模型合并到一起进行碰撞检查，共输出预留洞的部位共396个，其中有效避免现场97余处预留洞口遗漏，防止了二次开凿的情况，节省人工约24个工日，节约时间约6天，人工以每人工每工日200元计算，则避免返工、材料费7.2万元。

3. 钢筋工程

利用BIM技术在钢筋工程施工前对施工班组进行复杂节点的可视化交底，对工序进行合理安排，避免施工过程中的材料浪费。对于地库底板等钢筋构造较复杂区域，推行钢筋数字化加工，方便快捷且钢筋损耗率较低。项目实际施工钢筋用量比原方案节约46吨，按均价4000元计算，共计节省材料费18.4万元，累计节约人工约60工日，节约时间5天，人工以每人工每工日200元计算共节约人工费1.2万元。

4. 模板工程

一是利用BIM技术精确统计工程量，节省人力，提高效果；二是将复杂的模板节点通过BIM技术进行定制排布以反映其错综复杂的平面位置和标高体系，解决施工的重难点。共节约人工 96 工日，节约时间 8 天，人工以每人工每工日 200 元计算共节约人工费 1.92 万元。

5. 混凝土工程

利用 BIM 技术精确提取出工程各部位工程量，合理安排混凝土进场时间，节省了混凝土运输车的等待费用；浇筑时实施“点对点”供应，既节省了人工也避免了混凝土浪费，供给节省混凝土 390 余立方米。

经统计，项目在绿色施工过程中引入 BIM 技术所产生的经济效益在 360 万以上。在施工过程提供了更多解决问题的途径，在保证项目进度和质量的前提下取得了较好的经济效益。

在 BIM 技术条件下开展绿色施工，为绿色施工注入信息化的元素，将促进 BIM 技术在绿色施工领域发挥更大作用，对实现绿色施工“四节一环保”目标，对节约成本，提高效益，增强我国建筑业竞争力具有重要的意义。文章的研究基于项目的实际情况，BIM 技术在绿色施工过程中的应用不限于本书的介绍，仍有待深入挖掘。

二、装饰绿色施工的理论研究

（一）装饰绿色施工的概念

装饰工程绿色施工是指在装饰工程施工全寿命周期中推广绿色的概念，以节约能源为主，同时采取各种施工措施来减少对材料、能源的损耗及环境的污染，同时减少工程成本的输出及人力资源的节约等。

人类经过历史上的几次重大的发明和创新使人类的生活水平达到了高速的发展，伴随的人类寿命的延长，开始对影响寿命的一系列健康问题进行探讨。经济发展带来的虽然有高质量的生活，同样也带来了高能耗、高污染的社会问题。而直接影响人类生存环境的就是室内装修，对人体的危害也是占总危害的 80% 以上。而且装饰所带来的能耗也占整个建筑能耗的 40% 以上，所以研究装饰的绿色施工是这个社会做共同需要关注的。绿色建筑装饰主要从前期设计，中期施工，后期使用这个全生命周期上着手，对建筑装饰在能耗、环保等方面提供有力的支撑点。绿色建筑装饰体现出对传统建筑装饰类的强大优势，为现今社会各国的共同推荐。

（二）国内外绿色建筑装饰的研究

1. 国外装饰绿色施工的发展状况

国外绿色施工早在上世纪七十年代就开始实施，当时石油危机后，绿色施工的形成规范最先出现在法国，规范规定新建的住宅类建筑能耗必须比过去消耗节约四分之一。该指标标准最后成为世界很多国家对于节约能源的基准。

1982 年和 1989 年，法国又先后两次将施工节能指标先后提高了 25%，同时对公建类和老房子改造也制定了相应的节能施工标准，相关的技术已经发展了 20 余年。外墙保温作为重点关注对象，将大量应用新型高效的保温材料与结构墙体进行结合，使锅炉的使用效率得到了快速的提升，采暖系统逐步实现自动化。截至现在，从整个世界范围来看，最先开始形成绿色施工规范的法国在住宅建筑耗能方面最低，其他国家，如丹麦也有了明显的降低能耗的优势，能耗从 1972 年的 322PJ 减少到 1992 年的 229PJ（1 单位 PJ 等于 23900 吨石油），减少了 31%，采暖能耗由 39% 下降为 27%，每平方米建筑面积采暖能耗减少了一半。以此惊人的数据显示了绿色施工的影响力，很多国家开始对绿色节能技术进行深入的研究，研究成果尤为突出的有美国、英国、法国、日本等。

另外，从绿色建筑的评价标准来看，1990 年英国推行的 BREEAM 标准体系，在全球范围内得到各国各界的认可和推广，这个体系是标准的绿色评价标准体系；2003 年能源白皮书《我们能源的未来：创建低碳经济》；2006 年的《可持续住宅规范》中对住宅的二氧化碳排放区间进行量化分析处理，进一步规范行业发展；在 2008 年提出到 2050 年碳排放的标准控制在现阶段的 20%。1998 年美国发行 LEED 标准，后来又不断完善；在立法上，美国相继推出了关于降低能耗的相关法案，如在 2007 年提出的《低碳经济法案》，将节能环保视作为未来发展大势所趋。在 2009 年“美国复兴和再投资计划”和《美国复苏与再投资法案》中，均对进一步深入对新能源的开发和利用。日本作为又一个专门将减少能耗作为法律而颁布的国家。1970 年颁布《能源使用合理化法》，1994 年颁布了《环境基本法》，后来又经过几次修改，日本开发了一套属于自己的绿色建筑评价体系。即日本 CASBEEA 体系。各国都加强运用科学的评价方法对绿色建筑进行推广和研究，如今对绿色节能施工的钻研已经到达一个全新的高度，建筑绿色施工已经为全世界装饰领域共同关心的话题。

2. 建筑装饰绿色施工在国内的发展状况

装饰的绿色施工将作为行业未来施工的主要方向。作为实现绿色装饰的核心，从宏观层面来讲，可以追溯到国家经济的转型；从中观层面来讲，可以将行业的产业化发展作为依据。装饰的绿色施工已经给我们带来了很多惊喜。我国的绿色装饰分为三个发展部分：第一部分为“前奏”，即我国绿色施工初级阶段，其工艺、造价、规范都还在进行探讨研究。在我国华东地区是重点示范区，在起初阶段，因现代装饰施工技术的落后，绿色装饰的附加投资比传统装饰高，而且未成形的绿色规范也没有推广使用。华东地区作为我国重点发展地区，绿色施工的试点项目大多分布在此区域，但由于我国当时技术水平落后，造成绿色施工偏向于理论而无法达到理论的预期效果；第二部分为“中调”，绿色施工已经在全国各省主要城市开始规范推广，而且不仅包含结构施工，装饰施工也开始逐步涉猎；第三部分为“后调”，即我国在全国范围内普及绿色建筑的标准，形成了一股前所未有的浪潮。自从《绿色建筑评价标准》出台以来，各省市都开始着手编制各项有关规定，更加完善绿色施工的标准。

从现阶段我国绿色建筑的发展状况来看，截至 2015 年年底，越来越多的建筑项目以评价标准作为绿色施工标准，项目建筑面积总体高达约 1.2 亿平方米。由于我国经济发展分地域性的，所以各级地方政府的政策以及当地的气候环境共同决定了我国的绿色建筑的评价体系标准不一样。发展较快的区域，如长三角、珠三角地区，所涉及的项目占全国总量的三分之一。绿色施工带动了绿色经济的发展，而绿色施工中的装饰施工也同样得到了前所未有的发展。社会开始提倡装饰的绿色化理念，从前期设计开始，到施工，再到使用，均以绿色装饰的标准进行评判。从选材到节材，无不遵循绿色标准，这是这个时代的发展要求，也是发展的方向。据各大媒体的相关报道，很多装饰企业开始对其生成的产品进行绿色化，也达到了值得肯定的成果，令人甚是欣慰。一些规模较大的装饰单位如广田股份、金螳螂、亚厦集团、中建装饰等将新材料及新工艺用到极致，而且还大量运用计算机辅助技术为绿色建筑的发展提供了新的技术支持，达到环保和节能的绿色施工标准，在行业内起到了领军作用，有较大的影响力。

在全国蒸蒸日上的绿色节能风潮下，人们将绿色标准作为一种必需的前提保证，作为商业竞争的必要条件，只有形成具体的评价标准和机制，才能确保绿色产能的置换。中国建筑装饰行业绿色发展大会于 2015 年 8 月 28 日在北京举行，大会由装饰协会副会长兼秘书长刘晓一主持，大会指出，未来将加大在绿色环保方面的资金投入，大力推动节约、环保、低碳的绿色建筑装饰发展。只有通过整个装饰业的共同努力，才能让生活和工作中充满了绿色。装饰公司在现今市场份额大，回报力大，也着手社会责任担当，从而实现经济与生态、经济与社会、社会与环境直接相协调，实现互动，实现综合效益最大化的目标。

（三）传统装饰工程的标准和目标

1. 传统装饰工程施工工艺流程

建筑装饰是从实用性及观感性等多方面考量，对人类日常活动、工作、来往、娱乐等各种生活所需的内部空间，通过对物质材料的运用及艺术手法的表达，对室内空间进行有组织的一系列建造过程的总称。建筑装饰是建筑形成的重要的一环，也是将人类的技术、人工、美感结合在一起的综合性过程。

依据施工部位及工艺流程大体可以分为：吊顶工程施工、墙柱面工程施工、隔墙工程施工、楼地面工程施工、门窗类工程施工及涂料裱糊工程施工等，根据不同的材料专有属性，施工工艺也不尽相同。随着时代的进步，装饰施工中采取的大量新型材料，使传统的施工做法不断优化升级，但全寿命施工流程大体相同。

2. 装饰施工的绿色评价标准和目标

（1）绿色评价

标准节能降耗是我国装饰装修绿色施工基本内容的重要组成部分，在节能方面我国二十年来所做的工作对装饰装修的绿色施工起到了很好的促进作用。目前，我国实施装饰装修施工设计阶段，相关室内环境标准控制体系主要有：《采暖通风与空气调节设计规范》《民用建筑隔声设计规范》《建筑照明设计标准》《建筑采光设计标准》。

在建筑施工验收阶段的标准规范主要从施工企业资质、建筑工程施工质量、建筑装饰装修质量、各项设备安装质量等方面对施工验收过程进行约束，这些标准的实施确保了建筑工程施工质量，是实现室内环境质量的过程保证。主要形成的标准包括：《住宅装饰装修工程施工规范》《民用建筑工程室内环境污染控制规范》《通风与空调工程施工质量验收规范》；运行管理阶段标准主要针对室内环境人员需求而形成，主要包括卫生标准和测量方面的标准，其中室内环境卫生标准主要包括《室内空气质量标准》《居室空气中甲醛的卫生标准》《住房内氡浓度控制标准》《电磁辐射防护规定》《环境电磁波卫生标准》《室内空气中可吸入颗粒物卫生标准》。

测量标准主要包括有：《公共场所室内新风量测定方法》《空气质量甲苯、二甲苯、苯乙烯的测定气相色谱法》《公共场所采光系数测定方法》《公共场所照度测定方法》《声学测听方法纯音气导和骨导听闭基本测听法》。

材料、构建、设备相关标准主要是对建筑物及建筑内使用的产品肯能影响室内环境安全、健康的因素进行了规定，其实施是实现室内环境质量的硬件保证。目前主要形成的标准有：《室内装饰装修材料人造板及其制品中甲醛释放限量》《空气净化器》《建筑外窗空气隔声性能分级及检测方法》《建筑外窗采光性能分级及检测方法》《建筑材料用工业废渣放射性物质限制标准》《建筑施工场界噪声限制标准》《大气污染物综合排放标准》《建筑节能工程施工质量验收规范》

《公共建筑节能构造》《墙体节能建筑构造》《屋面节能建筑构造》《建筑节能门窗》《建设工程项目管理规范》《环境管理体系规范及使用指南》《环境管理体系、原则、体系和支持技术通用指南》；这些法规、政策、规范有强制性要求和非强制性要求，在一定程度上促进了我国绿色施工的发展和深入。

（2）绿色施工目标

第一质量目标：严格依据国家强制性规范去设计图纸及指导施工，使装饰单位能搞达到国家规定的质量验收标准、长久优质的装饰工程；第二工期目标：将合同中要求的工期分解，依据装饰公司的成功案例，在达到质量和安全的前提下，确保自身成本，并严格按照施工工艺的流程下完成合同工期的要求；第三安全目标：在施工过程中不间断对所有参与人员进行安全教育，发现危险源，进行动态管理，并对现场人员进行国家安全生产法规的培训，避免发生安全事故；第四文明施工目标：严格按照《建筑施工安全检查标准》达到文明工地标准；第五环境保护目标：根据国家及地方政府所规定的相关环境保护法规的要求，严格要求施工单位对周边环境负责，防止三废污染环境。

3. 绿色施工在装饰工程中的应用

室内环境是人们在日常活动、工作与学习的栖息时间最长的场所，所以室内环境控制尤为重要。建筑装饰材料是室内环境好坏的主要因素，是评价室内环境的好坏标准。室内材料的有害物质对人体的健康往往是致命的，严重地制约了人类的生活质量，甚至可以升华到社会发展的层面。绿色评价标准已经是人类对栖息环境的直接要求所衍生的对环境评价的要求。伴随人类对生态环境的研究的发展，对室内环境恶化的危害逐渐开始受到各界专家的重视。如今根据各界专家研究的相关数据显示，我们栖息的室内环境中存在的主要污染物质有放射性颗粒及致癌气体等。这些污染物很容易通过我们的呼吸甚至皮肤接触进入到我们体内。在一个家庭室内环境中，由于家具、墙纸、地毯等建筑材料中含有各种有害物质。随着时间的推移，挥发至空气中，进而经人体吸收，对健康造成不可磨灭的影响。

近些年，伴随着人们对室内装饰的热情不断升温，装饰材料中使用的化学材料种类也开始迅猛发展，再加上名目繁多的家用电器越来越普遍，因室内安装使用燃气和空调等因素，致使室内环境的污染越来越严重，这些不良诱因已经对我们的健康状况造成严重的安全隐患。越来越多的人选择使用密封铝制门窗和塑料贴面，特别是那些寒冷或炎热地方，这些化学材料的使用对当地的人们又是一种新的威胁。国内外的很多学者都开始对室内污染产生的关注，并已经以此为课题进行了对室内环境的研究和探讨。

根据国内外对室内环境的专家研究调查得出结论：无论是如今如火如荼的工厂，还是城市化道路空间，其空气污染程度远远比我们室内所常带的空气质量要好。经过科学家的论证，我们生活的地方空气质量严重不足，化学、噪声污染的程度比室外的危害要高得多。曾经有一家比较权威的刊物曾经指出："人类栖息的室内环境污染严重程度远远高于室外环境，而这个结论的罪魁祸首就是装饰材料中所散发的各种对身体有害的气体，这些气体具有很强的致癌性，这是人类健康的最大威胁。"英国专家做了一个关于室内环境的测试实验，在各个很多大的都市的多个房间内进行随机检查，结果表明室内有害气体的密度总是高于室外的，人们摄入的PM颗粒的数量比室外空间高数倍。种种迹象表明，室内空气污染问题已经需要得到高度重视，绿色装饰的推广刻不容缓，努力消除对人体健康构成的严重威胁才是大势所趋。

装饰工程中对环境影响最大的就是材料，国家出台了一系列的评价标准对材料的有害含量进行限制，从而一定程度上缓解了室内材料有害物质的含量。而装饰中对环境的影响除了材料因素外，施工过程中所产生的废水、废气、噪声、光污染等都是影响环境的主要因素。绿色施工管理标准就是针对施工过程中管理提供评价的标准。

（1）在施工管理上的应用

据《绿色施工导则》的相关规定，所有建造行业包含建筑和装饰，均以绿色施工作为一种施工的规范，全国各地均以这本规范作为施工单位的行为规范，从而实现装饰行业的绿色目标。该对规定主要是针对现在对环境的污染、材料的浪费已经水和能源的浪费而建立起来的制度。本规定的主要内容是从项目整体规划开始，经过人力资源调配、施工手段、安全生产及标准评价等五个阶段规定的：

第一，绿色施工管理中的组织管理；首先从架构组织上进行整体层面的调整，成立专门的工作小组对绿色装饰施工进行指挥，进一步明确施工目标、管理手段及系统的指标体系，确保工作质量。保证污染气体排放量符合《民用工程室内环境规范》中相关标准。实行项目经理责任制，将绿色施工目标进行任务分解，建立施工现场组织人员的管理制度，予以配合项目施工的目标实施。制度中将管理人员划分为监控小组和施工管理小组，不仅要对施工现场进行管理，还要对进场材料进行把控，整个组织构架共同以绿色装饰标准作为目标，实现绿色施工的要求。

第二，绿色施工管理中的规划；管理绿色施工的规划管理是以制定科学的绿色施工方案为前提的。应当由专业的环保工作人员和经验丰富的施工技术人员综合研究科学的绿色施工方案并从低碳环保措施以及如何对空间有效利用等各方面进行细化，使施工单位在实际的施工操作中有标准可参考，为房屋所有者的安全提供保障。

第三，绿色施工管理中的实施；管理绿色施工的管理，只有从施工全过程实行动态管理才能保障施工设计质量的高标准完成，不仅要把控材料质量和现场施工的质量，也要强化对绿色施工的监管，确保各个阶段达标。在实际操作中，要根据具体装修工程的特点，针对性的加强绿色施工理念的宣传，提高员工的绿色意识，营造和谐的绿色施工环境。也可以通过激励政策的制定，提高员工投身绿色施工的积极性和主动性。

第四，绿色施工管理中的人员安全健康管理；为了保障管理人员的安全和健康，要了解严格的防毒、防尘等措施。以最低排放量为标准来采购装饰材料，科学合理地布置现场，以免有害气体发散影响施工人员的身体健康。制度的建设需要在整个装饰施工周期内进行不断的完善。建立健康的保健机制和急救方案，以保证在事故发生时，能够积极及时地提供相应救助。尽量为现场人员提供良好的工作环境，加强施工人员在饮食、住宿等方面的卫生环境管理，提高生活区环境质量，为施工人员提供干净舒适的生活环境。

第五，绿色施工管理中的评价管理：在项目运营决策阶段，在项目管理成员中国组成绿色施工考核小队，对项目的材料、过程施工、策划以及各方面进行考核。考核可以无定期考察作为标准，对项目现场进行监督，确保项目能健康稳定的完成。实现在过程管控的评价管理，对绿色施工保驾护航。

（2）在环境保护上的应用

第一，施工现场防尘措施：①现场施工过程中所造成的垃圾，采用不定期进行清理。清理时采取适当的措施去避免注意对周围环境的影响。如采用专用的容器吊运，严禁从楼层向下抛撒；②诸如水泥、黄沙、石膏粉等容易产生扬尘的材料，最好安排在密封的房间内储存，若条件有限必须在室外存放时，必须要对其存放采取遮盖措施，减少扬尘的同时还减少材料的损害；③诸如室内乳胶漆等有害成分较多的材料，通常采用品牌的生产供应商，品牌供应商所生产的产品虽然价格略微贵一点，但是由于其企业在市场的份额和口碑，其产品不得不严格依照国家相关标准生产。进场存放的区域最好是选择通风较好，尽量在现场安置排气扇、空气净化器等设备设施，确保良好的室内环境。

第二，减少扰民噪音措施：①树立文明施工的理念，健全对噪声的管理制度，培养施工人员防噪声扰民的自觉意识，减少噪声对周围居民的打扰；②噪声可以在声源出进行削弱，从传播过程中减弱。尽量选用优质的设备和新型的工艺进行施工；监督施工现场的石材切割应设棚做围护处理，以减轻场界噪声在传播途径上控制器消声。采取吸声、隔声等方法来降低噪声。

第三，对光污染控制的措施：对施工场地的直射光线、电焊眩光等强光进行有效遮挡，尽可能避免对周围区域产生干扰。

第四，对水污染控制的措施：对于施工过程中所产生的污水也要进行处理，可以采用建沉淀池、隔离池等污水处理设施，防止污水未经处理直接排放，污染环境。同时施工过程中所使用的油料、装饰涂料、溶剂以及有毒材料也要做好严格的隔离保护措施，以防止其渗漏污染水。

第五，施工现场垃圾管理：①现场会产生各种固体废物，对这些垃圾进行分类处理，将可回收的垃圾进行重新加工，降低材料成本；②对于影响环境的材料进行回收或者集中存放后，对其进行集中处理。

（3）在材料上的应用

原材料的选择和使用是装饰工程确保质量的必要途径。这样装饰工程项目在前期策划的过程中，对物质材料的选用进行严格的评估和精细的选控，根据实际需要量进行采购，并严格按照标准进行施工，避免浪费。此外在原材料的搬运过程中也要小心谨慎，减小对材料的损坏。

采用符合绿色环保标准的绿色原材料，很多传统的装修材料已经渐渐被社会所摒弃，比如很多一次性材料不仅会造成浪费现象严重，而且会伴随大量有害有毒物质的释放，这些释放的有害气体对人类的身体产生严重的损害。材料的耐久性标准也是材料选择时必须要考虑的因素，直接与项目的经济挂钩，选择材料时尽量选择有益于装饰装修工作以及人们工作生活的原材料。

（4）在节水、节能、节地上的应用

以装饰工程节水为主要目的，在装饰装修施工开始的时候，对施工过程中所需要消耗的能源进行科学的规划和设计，并列出详细的实施计划，事前控制，从而在施工过程中提高能源利用率；装饰施工在设备和工具的挑选上，要优先选择高效、环保、节能的施工器具；在装饰材料的选择上，要优先选择具有环保、节能特性的材料；在选择施工方法上，要优先采用能源消耗量低、资源浪费量少的施工工艺。施工器具要保持其良好的工作性能，积极保养，使其有一个很好的工作状态，才能更好地处于一种高性能、低消耗的状态。在能源消耗过多的时候，要及时采取修正措施。

（5）装饰工程绿色施工在工程中的难点

绿色装饰施工除了具有普通装饰装修工程的特点外，由于其对设备和材料节能环保的要求，在对材料的高标准、高要求的同时，材料的实际成本也会变大。

由于评价标准的繁琐，检查材料的过程变得冗长，对项目的整体工期有所影响。绿色施工与现实产生的矛盾会变得日趋复杂，使很多绿色施工的标准难以达到。经过行业内丰富的施工人员的总结，我们将矛盾难以解决的主要问题划分为以下几点：

第一，组织管理。组织管理即是对人的管理，施工过程中包含劳务队伍及现场管理人员，由于装饰工程的特殊性，劳务队伍又分为木工、瓦工、油工、水电工、电焊工、空调、地暖等工种，不仅如此工地现场还有包括土建、消防单位的工人，各个工种之间的交叉配合尤为重要。整个装饰工程需要将所有工种进行管理调配，难度可想而知。开工前进行项目的组织策划，将所有人员岗位进行调配，编制人员施工任务计划，制定绿色施工标准化目标提高全员环保意识。对于这个庞大的组织，在执行中是有较大难度的，特别是确定节能减排、低碳环保的目标上执行起来难度较大。

第二，绿色装饰装修材料。绿色环保材料的选用不仅要对质量达到标准要求，而且还要对人体的健康达到标准要求，这样的材料选用才是装饰装修绿色施工的前提。装饰材料中不乏生产标准低于国家标准的，在我国市场经济的大环境下，市场竞争激烈，由于执行国家环保标准会产生较多的费用，很多低成本材料的存在是不可避免的，这就为国家的绿色施工标准带来了极大的困难。因此材料环保不达标，也导致装饰工程室内环境达不了标。经济条件决定了这个项目是否能按照绿色标准实施，所以经济较发达的地区，如上海、广州、北京等大型城市的装饰项目会特别提出环保要求。但这些都不能反应一个社会室内的环境能达标。绿色施工不仅会增加材料的成本，人工的成本也会相应提升，人们受经济条件的限制，使绿色施工推广收到了极大的限制。

第三，施工工艺难点。装饰施工工艺中与绿色环保标准有关的措施，通常包括采光、取暖、通风、节水等，能够通过工艺做法对室内能耗进行减少。但是装修工程不同于土建工程那样粗犷，装修精度必须达到3mm以内，导致工艺难度大，并且增加环保标准后工艺更加繁琐，可能会增加一道甚至几道工序。若在施工过程中操作的不恰当，反而给传统工艺的操作带来麻烦。轻则质量不好，重则造成返工，而对材料和人工都是极大的浪费，也违背了绿色施工的核心理念。

第四，多种相关专业的协调配合；麻雀虽小五脏俱全，专业间的配合协调是每个项目的管理核心。而且在整个项目管理过程中，最为困难的也就是专业间的协调配合。节能环保并不是针对单一专业的，但是一旦两个专业发生了矛盾，那么协调配合就尤为重要。如土建专业与装修专业、消防与装修、水电与空调等人员需要交叉作业，所以在进行施工前期组织策划时要综合考虑各个专业的协调配合情况。

三、BIM技术的发展应用研究

（一）BIM的概念的引入

建筑信息模型；是一项全新的思维方式和技术模式，正受到建筑行业的高度重视。通过BIM技术实现建筑项目各个阶段的信息管理与集成，对建筑单体及群体进行性能模拟并分析处理，可提高经济效益与环境品质。为了实现我国工程项目管理整体水平的提高，在《现代建筑设计与施工关键技术研究》文件中，已经明确要求将深入应用BIM技术，完善协同工作平台以提高工作效率、生产水平与质量。我国住房和城乡建设部在建筑业“十二五”未来趋势中明确，要坚决支持在建筑行业中普及BIM协同工作等相关技术。

（二）BIM技术在国外发展状况

BIM技术的起点与发展开始于1970年初，最先研究BIM的国家是美国，当时美国发布了一系列关于BIM的计划，并陆续发布了系列BIM指南。在美国，有着很多各式各样的BIM协会，还有各种有关于BIM的规范，BIM已经投入到美国大多的建筑项目当中。自从21世纪初开始，美国官方规定，只要是招标的建筑工程项目全部都要应用BIM技术，而空间模型设计和设计理念的展示是应用BIM技术门槛，要求提交BIM模型，虽然说美国是最先发展BIM的国家，但是随着全球化的不断发展，BIM技术也已经深入到了亚洲欧洲，在亚洲有很多国家在积极地采用BIM技术，并且他们对于BIM的研究和发展有了很大的进步。从欧特克公司率先在2002年提出BIM这一技术和理论起，全球范围内就已经开始了建筑技术的革命。

近几年，由于对建筑资料交流方法和有关绿色环保建筑的研究不断发展，中国也着手研究和利用BIM这一新型产品，BIM在我国不仅仅在大规模设计复杂的建筑模型当中会应用到，在中小型建筑项目里BIM也已经得到广泛的认识和应用，这代表着BIM已经深入进我国建筑施工领域的各个部位。

（三）BIM技术在国内发展状况

香港在很早就开始研究BIM理论，成立了香港BIM学会，在其建筑工程当中应用得非常好，并且当地自己设置BIM的规范和使用说明，就连建立BIM信息库等等使用向导和标识都设置得非常健全，而且这些资料切实地对BIM操作者的实际操作创造了更加良好的使用条件。21世纪以来，我国政府中一些部门，一些建筑工程设计和施工企业，包括一些高等学府都已经着手研究BIM技术，在一些特大型项目和大型项目当中都已经使用了BIM，并且都取得了优异的成效。

在2010年，《中国商业地产BIM应用研究报告2010》发布，在2011年，《中国工程建设BIM应用研究报告2011》也发布成功，这两份文本的发布，已经可以有力地证明了BIM在我国建筑施工领域的研究方向和趋势，两份报告中都指出，国内对于BIM的认识程度，从2010年的百分之五十九提升到了2011年的百分之八十八，并且很多设计单位已经开始投入使用BIM相关软件，在报告中显示有百分之三十九的单位都开始应用BIM，这两份报告都是由国内权威的建筑行业协会颁发，包括中国建筑业协会工程建设质量管理分会、中国房地产协会商业地产专业委员会等。目前，有关于BIM的探索和开发相较于国外比较滞后，我国的科研机构往往分布比较集中，对BIM的研究还比较浅显。我国建筑业里采用BIM比较多的机构就是设计院，他们利用实际操作对BIM部分功能进行了开发。使用范围也仅仅在机电和建筑中运营得比较多一点。在2012年1月，住建部发布的《关于印发2012年工程建设标准规范制订修订计划的通知》代表着我国对BIM规范和标准的制定工作正式开始。

进入21世纪后，不仅是政府和学术机构对BIM进行研究，开发商、大型房产商也都在提升对BIM的认知度，都在积极地研究和探索关于BIM的发展，在一些项目的合同当中经常可以看到BIM技术，BIM已经变成一种技术亮点或者被直接写入招标合同当中，可以说BIM已经成为参与项目的一个门槛，上海中心和上海迪士尼等的一些特大型项目甚至要求在整个建筑项目的生命周期中使用BIM。就目前而言，设计企业在对BIM的研究和应用上要早于施工企业，大中型设计企业一般都拥有专门的BIM团队，并且都已经有了比较成熟的使用经验和技巧，另外很多有名的施工单位也已经投入人力和物力着手对BIM的研究和应用，并且也有一些成功的案例。

（四）BIM技术对绿色建筑的意义

在当今全球化发展的背景下，建设工程正朝着减少环境污染的方向发展。绿色建筑装饰通过科学的设计，以低能耗无污染为目标，使生活环境更加舒适，生态环保，并且以高端科技为主导，是以可持续发展设计理论的高端科技为主导，合理地利用自然资源和能源，展示出建筑和生态环境、人与自然得高度统一。同样以绿色施工理论的BIM虚拟施工技术为方向，通过整体模拟施工，对材料的使用量得到了质的控制，精细化管理所需资源，不浪费，不返工。面对复杂的、高尖的装饰设计理念得心应手，BIM技术也成为建筑业第二次革命性变化，让建筑产生更多种可能性和有效性。

由于目前国际国内在建筑市场的残酷竞争以及现在建筑相关技术的进步，建筑企业不得不要求资金改进经营模式和管理方法，适应目前市场竞争的新趋势，提高自身的管理水平。当前，我国的工程项目是世界上最多的，工程建筑业的产值约占GDP的三层。但是目前信息化管理的普及还不算乐观，大部分单位的信息处理仅仅用于一般性的事务处理，建筑单位只有大约百分之四十采用信息化标准。

（五）BIM 技术与绿色施工的关系

BIM 技术引发了建筑行业一场历史性的革命，它可以使每个项目的参与方都能提高生产效率，获得更大的收益，它的出现改变了项目何方的协作模式。同样，在实现绿色设计与施工、可持续设计和施工方面，BIM 也可以提供非常明显的优势：在分析包括是否会产生光污染、能源是否有效利用和材料是否具有可持续性等建筑性能的方方面面都可以应用 BIM；BIM 可以对比数据、保证资源利用率高，并且通过模拟风向条件、光学条件、气象条件等项目，实现建筑工程设计施工的绿色发展。

中国建筑科学研究院副院长林海燕表示，“BIM 技术对工程项目绿色施工整体表象方面提升很有益处”。目前，我国的绿色建筑理念虽然发展非常迅速，但是效率却并不是很高，经常会出现只关注设计不关注运营、实施结果达不到设计目标等问题。在一个建筑工程项目中，虽然很多问题在设计的时候就能够发现和预测，但是毕竟一个项目包括了设计、施工、运维等多个阶段，所以即使在设计时候考虑得再全面，也还是一种理想的情形，并不能真实模拟 365 天所有细节的表现，因此施工中经常会出现与设计初衷并不一致甚至与设计目标背道而驰的情况。如果可以添加一些信息模拟工具建成一个模型供设计师进行参考，那么很多细节问题、包括性能表现是否合理、是否符合绿色三星这样一些认证体系等问题就变得可以预知。

（六）BIM 技术对绿色建筑的影响

1.BIM 技术在设计领域的影响

（1）对现代设计思维模式的影响

我国能源和资源的可持续发展战略，重要的一步就在于建筑行业发展绿色节能项目、推进节能、减污染等重要措施。更合理地更有效地利用资源，贴近大自然，创造令人愉悦的生活氛围是绿色建筑的设计初衷和目标。这个目标就需要设计师们综合性地跨专业性地进行全过程的设计，BIM 技术就可以满足这个要求。通过 BIM 可以模拟现实的应用，模拟建设项目在实际施工过程的建筑朝向、温度和湿度、光能，全年的能源资源的利用及建筑环境噪声、风场等环境因素的影响，将环保、绿色、低碳、节能的概念，从方案一开始，就始终贯穿设计全过程。同时，不一样的设计软件操作的实际技术方法和理念会改变设计的实际效果。工程项目对于本来的设计理念也开始发生一系列的变化。由最开始二维表达方法例如绘图，演变成了现在更加实用的建筑信息化。

到了国外，可以发现绿色建筑基本上都利用 BIM 软件来设计和施工，原因是如果单单运用二维软件去进行相关的资源利用分析，分析出来的结论只可能是理论上的数据，假如分析的内容做了稍微的变化，分析者就会变得无法确定资源利用的数量与效率，而必须得靠自己的经验来猜测，那么猜测的内容就肯定不会那么的准。但是利用了建筑信息模型，分析人就能够非常准确并且详尽地分析工程项目的实际资源利用。在施工过程当中，更加能够运用一系列的软件对资源利用和能源消耗进行有效监督，操作人可以利用模型反映出的数据，合理地控制资源利用，甚至包括光能、风向、湿度等具体内容的改变。建筑信息模型可以为绿色建筑设计提供的非常有利的一点好处就是不用等到实际施工，就可以分析出来建筑物的整个资源消耗能力，而且非常精准也非常详细，能够提高其环保能力，尤其能够使其整个外表面的资源利用率大幅度增加。

BIM 技术本来就是充满了可持续发展的理念和绿色的概念，如果再运用几个现在市面上应用的一些关于绿色建筑的技术，二者一起使用，能得到更加理想的效果。

（2）从传统思维模式到数字化思维的发展

由于电脑在建筑行业得到越来越广泛的使用，在绘图、进行项目策划、信息的传递和保护等方面的使用变得更加平常。将这部分越来越明显的成果结合在一起看，大家便能够探索出一种新理念的雏形；它远远超出曾经的仅仅是靠施工蓝图进行信息交流，而是运用计算机网络完成各方面的沟通，无论是最开始平面的表示方法，例如绘图，还是现在已经普遍认可的建筑信息化模式，都可以说是一种视觉思维。利用绘制蓝图的方式将建筑生动的描述到纸面上，再运用平面视觉能力进行一遍一遍确认，最后实现实际方案的确定和进一步的研究目的。

目前，我们的创造性视觉思维已经开始被新的数字化和信息化技术直接影响。大家可以通过一些为人熟知的技术为例来证明这个问题，在数字化模型技术的帮助下，设计人员绝对可以模拟出非常生动且具体的实际建筑物样子，直接进入建筑物内，而不需要再在脑中进行着建筑物蓝图和实际形象的复杂的转换和翻译。这类软件一直努力地告诉世人，并不是非得需要这种转换和翻译，因为软件带给人的绝对不仅仅是一套辅助设计系统。

2.BIM 技术在建筑施工管理领域的影响

（1）传统施工过程中的问题

传统的施工和设计阶段所产出和依据的东西是由抽象的图形和数据等不够形象和不够直接的方式来达到。整个工程项目设计和施工包含了土建、给排水、暖通、电、装饰等各个部分，还有信息交流、传递方式、资源控制等等一些相关的事项，各个部分和事项虽然都有自己的分工但是缺乏共同协作，从而使各个专业所掌握的信息很可能互相矛盾，导致的结果就是在施工中出现各种各样的问题。各专业之间交流的欠缺、在施工现场的联系的断裂等一系列的东西肯定会造成错误频发。例如：土建单位的施工蓝图与机电单位的图纸相互矛盾；图纸不一致，造成同一位置各个专业矛盾，由此导致的结果就是会有源源不断的问题出现，有问题就会有变更，而变更带来的后果就是在结算的时候增加恐怖的工作量。显而易见，上述内容大都由施工过程中信息交流的不完全性造成的后果。但是建筑信息模型可以很好地处理这些问题。

（2）BIM 技术对施工管理的影响

管理需要的是靠数据说话，管理人员的核心任务就是对数据进行整理和分析，因此可以说即精准又及时的数据就是管理人员最重要的东西。而且，如果不借助于 BIM，工程项目的信息肯定做不到全面地准确地及时地获取，并且没有那么准确和完整，因此施工企业就没有办法了解项目部的实际的花费、工期、资源利用率等一系列的内容，工程项目对于风险的掌控能力当然会变得非常差。而且建设工程项目越来越多，位置的分布也越来越广，总部有关于工程风险的掌控只能是依靠这个工程项目项目经理自身的水平、经验与职业操守，单位就根本无从立足。但是BIM理念就可以解决这一难题，它可以实现以下几点：①提高项目质量与性能。运用建筑信息模型的建模能力建立出建筑物的模型，在设计阶段就可以准确地分析出不同方案所带来的结果，从而得到高性能的建筑方案；②协助指导项目施工管理。运用BIM软件，模拟出项目实施过程中的模型，同时可以根据现场实际情况对模型进行调整，然后通过对模型的分析与研究，实现指导项目管理；③合理掌控项目变更行为。用BIM建立模型，提前预知到此项目在施工阶段会发生的工程变更，并提前做好可行性研究以及变更工程量的统计，从而更加合理地掌控项目变更；④整合散落的工程信息。当施工模型建立出来之后，所有的信息都会在模型当中呈现出来，各方就可以很方便又很准确全面地掌握所有有关工程的信息。

3.BIM在绿色装饰中的优点及难点

（1）应用BIM技术的优点

BIM相关软件建立出的装饰模型系统，颠覆了曾经的思维方式，整个工程的全部内容，包括各个专业各个部门，在这个系统内都可以呈现出来，它就是一个进行资源交流的平台，模型里面可以说能查找到项目有关的全部信息数据。目前的项目管理一般还是把一个大型的复杂的项目划分成若干个小型的不复杂的项目，可以说还是处于模块式管理阶段，只有进行内部人员的相互交流才可以实现信息的传递，经常会造成错误的信息传递或者不及时的信息传递。施工企业项目部天天开内部生产会议会却不解决实际问题，造成现场大量的修改返工。利用3D信息模型的设置，在装修领域能够带来的好处之一就是可以提升工作质量，减少问题以及返工次数。

revit建模可以让施工蓝图跟着模型自动更正，不需要设计人员再重复更改施工图纸，降低了很多设计人员不必要的工作量，设计人员可以有时间参与到其他对项目更有益处的地方，而不至于总是浪费时间在施工图纸的修改上。

建筑信息模型建立使得工程整个生命周期都处于 3D 可视化的状态，可以为工程的施工和其他方面带来直接的准确的信息，一般的重点工程和一些特大工程都需要先做样板间，发现问题，分析问题然后找到解决方案，然后才可以进行大面积的开工。但是运用 BIM 技术和理念，施工中的问题都可以在建模当中发现，避免了财力物力的损失和节省了时间。通过建模，可以更精确地得到所需材料和构配件的尺寸，而且可以得到能协调各个构件之间的联系，在模块化工厂加工中增加加工精度。

（2）应用 BIM 技术的难点

BIM 的理论和方法必定会对建筑装饰产生重大的影响，只要从 BIM 对建筑装饰的意义来看就可以知道。目前暂时没有呈现出太多的效果，因此有的人也不支持，他们坚持装修领域对比于工程项目的其他专业有其自己的特色，装修的形状各异，并且施工材料类别太多，规范标准也是各式各样，BIM 应用起来肯定会非常艰难，真正使用起来会出现诸多的不便。比如说肯定会增加项目成本，就是说就算是建立了装饰装修工程的模型，花费的成本又能不能够转化为足够多的回报。就中国现在的一些工程来看，BIM 应用的成果比较好的重点工程例如中国尊、上海中心等，都是只在土建施工、水电暖通管线安装等施工内容上面运用了 BIM，在装修过程当中基本用不上。在装饰施工过程中 BIM 还仅仅是处在一个想象的阶段。到底哪些因素阻碍了 BIM 在装饰行业的应用呢？

建设单位并不重视在装修阶段应用 BIM，虽然国家已经制定了一些有关于 BIM 的标准和规范，并且在大力推广，但是相当一部分的开发商与地产商只是将建模当作一个表面工程，并没有实现具体的作用和效果，有一部分开发商甚至觉得运用 BIM 只能处理标高的问题，关于标高的问题，由于涉及的专业和项目参与方太多，协调难度太大，并且各参与方对项目的认识和理解程度都不一样，自己的立场也不一样，因此一直是项目施工过程中最常遇到的问题，也是比较难处理的问题，实话实说，BIM在装饰装修项目可以处理的事情根本就不只是标高，BIM技术真正要处理的问题就是设计师在设计时就可以提前处理好水电管线的安装和防止碰撞等问题，以及处理好各个装饰成活面之间的矛盾。所以如果开发商并不明白BIM的实际作用，就必须要请专业人员来处理。

BIM应用人才的短缺，也是我国BIM发展的阻力之一，由于研究和推广BIM的时间比其他国家迟了一些，而且研究BIM的人员还是主要集中在学校和科研机构，因此具有实战经验的BIM人才太少，给BIM的推广带来了阻力。

第二节 BIM技术在建筑工程绿色施工中的具体应用

经过21世纪前十几年的发展，建筑行业从业人员对BIM已经由陌生专向了熟悉，工作中的接触机会和使用频率也渐渐增多，BIM正在影响着整个建设行业的发展。同时，如何更好地在建设项目的设计、施工、运营、围护中使用BIM，更好地提高工程的设计水平、施工质量，减少建设成本和缩短项目周期，这成为了建筑从业者面临的新课题。不同于传统的二维设计，BIM是借助三维模型中的相关信息对建筑物进行设计、建造、运行维护等各个阶段的管理，其中信息是核心，在项目整个生命周期内要注意对信息的收集、整理、利用。BIM技术为整个建筑行业带来了巨大的变革。

一、BIM技术在预制装配式住宅设计中的应用

（一）BIM技术对建筑设计思维模式的影响

1. 传统二维设计的思维局限性

计算机辅助建筑设计（Computer Aided Architectural Design）开始于20世纪60年代，这一技术充分发挥了计算机高效快速的优势，建筑设计师利用相关软

件对建筑进行设计与分析，不仅提高了设计精度，工程质量也有了保障，这在当时的工程领域引起了巨大的变革。现如今，相信每个建筑设计师的电脑里都会装有 AutoCAD 这款制图软件。CAD 技术是计算机二维设计的代表技术，因为其本身对计算机软硬件水平要求的不断提高，一定程度上加快了计算机技术的进步，相关领域的技术更新也层出不穷，在一次次更新中，软件使用更加方便，逐渐被建筑领域接受，传统的手绘图纸的工作模式发生了巨大变化。

上世纪 80 年代开始，部分有世界眼光的中国建筑师越发觉得手工二维绘图已无法准确表达设计构思，他们借鉴国外技术，在实践中逐渐使用 CAD 技术，但相对来说应用范围较小。90 年代开始，计算机技术发展迅速，其对 CAD 的限制也越来越小，CAD 技术在工程领域的优点不断被人们所认识，加之国家政策的鼓励，我国建筑师集体经历了一次甩图板。这在大大提高设计效率的同时也存在一些不容忽视的问题。设计相关数据需要建筑师通过手动进行输入，这对建筑师的职业素养和基础提出了很高的要求，相当长一段时间内建筑行业从业人员严重不足。建筑师往往被大量繁琐重复的工作压榨了创造力，设计只重量不重质。此外，各专业间相对封闭，容易出现施工时图纸打架的现象。因为无法预先通过计算机模拟建筑的性能，设计师大多凭经验判断方案的优劣，无法获得数据支持。

上世纪末，我国在CAD基础上进行了设计软件的二次开发，开发了诸如天正、ADT 等优秀的汉语语境下的辅助设计软件，这类软件不同于 CAD 需要用基本构图元素去绘制图纸，它将各种建筑构件定义为图形块，建筑师可以直接选择按设计要求插入图纸中，设计效率又一次得以提升。但是，如 Auto CAD 这类软件只能在二维空间里表达设计，无法准确可靠的传递信息，建筑师还要借助实体模型来展示设计意图。归根到底，CAD 改变的只是成果交付的工具，并没有改变成果交付的内容——图纸。

为了更好地向业主展示设计构思，设计师开始通过三维软件建立模型，此类软件众多，如 3D MAX、Rhino 等，模型经渲染出图后可生成逼真的效果。但这类软件更多地在设计阶段使用，无法将信息准确传递到下一环节，还需要借助

CAD 生成二维图纸。2005 年我国开始实行《公共建筑节能设计标准》，要求建筑设计时必须考虑节能设计，传统分析方法已经不能满足要求，节能技术与设计彼此分离使得节能策略实时分析难以实现。

2.BIM 技术带来的建筑数字化思维模式

CAD 时代，是用 2D 的图纸来阐释 3D 的建筑，在转化过程中错误易出，这种情况随着设计水平的提高和建设项目复杂性的增加有愈演愈烈之势。BIM 为建筑界提供了一种创新性的设计工具，带来了建筑界的巨大变革，BIM 技术下项目各个参与方可以在同一平台下工作、交流信息，解决了传统模式下各专业配合不畅的难题。BIM 将既 CAD 后给设计业带来第二次革命，它将在建筑工程的全生命周期中发挥作用。

建筑全生命周期中 BIM 具体发挥什么作用呢？美国 Building SMART 联盟总结了建筑全生命周期各个阶段中 BIM 的 25 种应用，从中可以看出，项目前期，利用 BIM 技术对整个项目进行统筹，可以提高其经济、社会、环境效益；在设计阶段应用 BIM，不仅能满足建筑的基本设计功能需求，对提升其品质、控制建筑造价也有巨大的作用；施工单位应用 BIM 技术，可以控制项目进程，提高施工质量；项目建设完成投入使用，BIM 可以监测相关数据并进行反馈，使建筑更好地服务于业主。BIM 技术的贡献是以建筑全生命周期为对象的，其所得到的收益并非在各阶段本身体现。譬如，设计阶段 BIM 应用的贡献，其价值最终会体现在施工和运营阶段。

不难看出，业主是 BIM 技术应用中经济上的最大收益者，施工方从 BIM 技术上得到了效率上的巨大提升，而设计方借助 BIM 技术提高了设计的质量，其成果直接决定了前两者的收益大小，但设计方的收益不是直接在经济上体现的，或者说不能带来设计费的快速增加，因此需要有长效的激励机制促进设计企业推广 BIM。设计企业需要看到的是 BIM 所带来的长效影响，通过不断地信息积累，企业的构建库会越来越健全，经历初建的艰辛后设计效率会大大提高。

（二）BIM 在装配式绿色施工中的应用

为贯彻落实可持续发展的基本战略，促进我国建筑业走向绿色化，近年来建筑行业越来越重视绿色施工，2016 年，建设部为指导全国推进绿色施工，发布《绿色施工导则》，各地也相应出台了众多地方标准，要求施工过程中做到“四节一环保”（节能、节地、节水、节材和环境保护）的绿色施工总原则。除此之外，施工过程中如何减少对环境的影响及科学的施工管理，也是评价绿色施工的重要指标。

BIM 技术应用于项目施工中，可以准确地预估该项目建设过程中的资源能源消耗量，为施工企业制定节能措施提供依据。运用 BIM 技术模拟施工方案，可以提前排查可能出现的问题，将可能的损失降到最低。将 BIM 技术应用于预制装配式住宅施工的综合管理中，优化施工方案，控制项目施工进度，对施工的安全措施进行模拟，排除安全隐患。此外，当工程出现变更时，借助 BIM 模型可以实现便捷管理。BIM 技术有利于提高工程质量、加强施工管理，符合绿色施工的要求。

1. 绿色施工综合评价要素研究

建筑工程绿色施工应注意节约资源，减少浪费，这是绿色施工提倡的基本原则。资源节约包括对材料的节约使用、对水资源的保护与利用、对能源的节约与利用、对施工用地的保护和节约土地资源等。当前我国的施工过程中对材料的利用率还达不到绿色施工的要求：（1）工地建设临时施工设施时，没有将其与固定设施合理结合，同一项目不同工期的临时施工设施不能兼容使用，需要重复建设，造成浪费；（2）旧建筑拆除过程中产生的渣土、施工过程中的残留物以及建筑垃圾、工业废渣，本可以作为建筑回填材料使用，但实际施工中没能保证其利用率，建设过程中可再生材料的使用比重不足；（3）现场浇筑混凝土时，所用混凝土强度等级过低，不得不加大构件体积。大体积构件加工使用塔吊、手推车等方式，运输过程中损耗率高；（4）由于对工程总量没有具体的把控，工程中模板没有统一的标准，不能多次利用，需加大其数量以弥补周转次数不足的情况，无形中造成了浪费；（5）钢筋、水泥等建材如果不能就近取材，在其运输过程中难免会出现损耗且造成能源的消耗。加工场地布局不合理，施工搬运费时费力。

为了在施工中提高材料使用率，应在以下环节做出调整：（1）对材料损耗率高的施工工艺做出改进，减少浪费，对施工中产生的废料进行收集利用。施工工艺对材料的利用率有很大的影响，如现阶段钢筋笼的绑扎多采用搭接，钢筋的用量巨大，建议用焊接方式代替。除此外，还可开发新的工艺，对钢筋接头进行重新设计，减少钢筋浪费。要做好废弃材料收集工作，对建筑垃圾进行分类。混凝土现浇时使用泵送方式运输，减少其配送过程中的浪费。多使用滑模，增加浇筑模板的反复使用率；（2）项目中的材料种类及用量要有详细的统计，并实时掌握使用情况，以达到合理利用的目的。建材确定要以环保为首要原则，多选用绿色可再生的建材。为了缩小构件体积，增加其物理性能，施工过程中应增加高强度混凝土的使用比例。目前我国常采用 C25、C30、C40 的混凝土，相比于发达国家普遍使用的 C40、C50 强度偏低。为了减小构件尺寸以增加房屋面积，提高土地使用率，应在高性能混凝土方面加大研究力度。同时，工程中要多使用散装水泥，减少袋装水泥的比例，以降低其带来的包装材料浪费，减少损耗。材料使用中要本着循环再利用的原则，并且建设过程中尽量节约。目前常见的可循环使用材料包括：钢材、铜铝等金属，木材、玻璃、石膏成品等可回收材料；（3）施工过程中，对现有设施要充分利用，施工场地布置时要考虑场地周围的道路、水暖电等市政工程管线的位置，合理安排施工设施的摆放。在施工过程中注意节约水资源，提高其利用率，这是绿色施工的重要内容。

当前我国施工中对水的利用还有很多非绿色因素：（1）由于缺乏维护措施，加之工人使用过程中不注意保护，输水管线出现破损，有渗漏发生；（2）节水型产品普及率较低，施工现场生活用水存在浪费；（3）施工环节中产生的废水经处理后本可以重复使用，但现阶段往往直接排放；（4）大体积混凝土构件浇筑完成后直接浇水养护，利用率低，水泥面层养护也存在同样的问题。

2. 绿色施工综合管理

绿色施工综合管理是保证绿色施工高效、有序进行的关键，施工中要做好对组织的建立，做好施工计划，注意施工安全，绿色施工综合管理贯彻于施工从开始到结束的整个过程。现阶段施工管理中尚有一些不足，使项目管理达不到绿色施工的要求：（1）施工计划制定时考虑不够全面，未将项目情况、外界因素统筹进施工计划中，对施工各环节分开考虑，做不到系统化；（2）没有任命专人去管理绿色施工各项内容，相关负责人职责不明确，缺乏有效管理手段；（3）对工程总量没有准确的把握，多靠经验去预估，存在误差；（4）项目组没有在施工前调研现场环境，环境保护方案存在不足；（5）建筑施工过程中由于工艺、工法的限制，存在质量把控不到位的情况；（6）因施工现场不确定因素太多，工作人员的素质良莠不齐，在未能提前排除危险源及安全措施不到位时安全事故易发；（7）因技术手段所限，无法向工人准确传达施工方案，建成结果往往与设计结果有出入。

为了加强对施工过程的管理，实现施工绿色化，需采取以下措施：（1）绿色施工领导小组从项目一开始就应建立起绿色施工管理体系，明确目标责任制，明确绿色施工的指标、策划及费用投入计划，施工时间节点和实施人也应具体明确。规划管理时应按项目实际情况有针对性的编制绿色施工方案，编制完成后上报有关部门审批，通过后方可实施。该方案应阐明施工过程中“四节一环保”的具体措施；（2）施工过程中充满变化，这就要求绿色施工领导小组应动态管理施工全过程，从施工策划与准备、建材采购到现场施工、成果验收各阶段都应有相应的管理和监督机制；（3）为保证施工人员远离危险源，领导小组应提出相应的职业危害预防手段，使施工人员远离粉尘、有毒物质、辐射等的危害。还要合理地布置施工场地，这不仅是保证施工绿色高效的方法，也能保护办公及生活区不受施工活动的影响；（4）根据项目自身特点有针对性的编制绿色施工管理计划，提出项目绿色施工的目标，做好环境保护，严把施工质量关，掌握好施工进度，在项目进行过程中做到“四节一环保”。施工过程中不同的管理水平和管理强度，会直接影响到绿色施工的实施情况，只有提高管理水平，才能确保绿色施工达到预期目标。

3. 施工对环境的影响

建筑施工难以避免地会给城市环境带来污染，其中包括大气污染、噪声、水污染、光污染、固体垃圾等，绿色施工要求尽量降低施工过程对环境的负面影响。

（1）大气环境影响

建筑施工会产生扬尘和废气，处理不当易污染环境。施工单位要编制相应的环境保护方案，对潜在的污染物进行控制。其中扬尘是主要大气污染物，多产生于旧建筑爆破拆除、土方挖掘、机械振捣、混凝土拌合，施工土方没有遮掩措施也会造成扬尘。此外，易生扬尘物料运送使用过程中也会生成扬尘造成污染。为控制施工各环节产生的扬尘，应采取以下措施：对易产生扬尘的工艺、工法进行改进，如打磨、抛光、凿孔等，尽量降低扬尘产生量，并做好施工过程中的防尘措施。大体积混凝土浇筑时要对混凝土进行预拌，条件不允许时可以在施工现场搅拌，但要将其置于封闭环境中。施工现场要做好绿化工作，尽量减少土地裸露率，减少扬尘源。容易产生扬尘的材料在运输及存放过程中要注意做好保管工作，用篷布覆盖，此类材料包括水泥、沙土、石灰石等。施工现场垃圾要做好分拣回收工作，施工脚手架用密目网环绕，保证安全的同时可以有效阻止扬尘扩散。施工场地定时进行散水清扫，容易产生扬尘的作业面可直接做硬化处理。

（2）噪声污染控制

噪声污染无形但危害却很大，如闹市区的施工场地发出的噪音，不仅对周边居民造成了干扰，也影响了城市形象。施工机械是建筑项目噪声的主要来源，施工机械包括搅拌机、打桩机、钢筋切割机、风机、水泵等。此外，施工过程中打桩、爆破、钢筋切割等也会产生噪声。为将建筑施工对场地周边居住区的影响降到最低，绿色施工领导小组要合理安排施工进度，尽量排除深夜施工。为降低现场施工噪音，机械选择时多使用低噪声、低振动的机具。改进工艺、工法，对噪声较大的施工环节进行优化。减少现场湿作业量，多使用预制加工件。注意施工场地布置，尽量将噪声大的施工放到周边影响小的区域。

（3）减少水污染

项目建设施工，需要大量用水，现阶段施工现场还存在很多浪费水、污染水的现象，不符合绿色施工的基本要求。施工现场的水污染主要来源于工地生活污水和废水，施工场地中没有设置必要的污水处理设备，施工过程中产生的污水直接排放，造成自然水体的污染。不同工艺环节产生的废污水经同一管道收集以及排放，形成二次污染。混凝土现浇的构件施工结束后的养护过程中，采取直接撒水的方式，利用率较低。为提高水资源利用率，防止水污染，在施工过程中要严格执行《污水综合排放标准》的相关规定，施工现场应安装小流量的节水型设备和器具，用水表监控自来水的用量，对污水废水要重复循环利用，可在施工现场设雨水和施工污水的循环渠道，雨污水经沉淀过滤后的中水用于混凝土的养护等。对于污染严重、不宜重复使用的污水，接入生物处理池处理后再排入市政管网，保证污水排放达标，保护地下水环境。施工现场要设置污水处理池、沉淀池等，对污染原因不同的污水分开处理。生活污水若存在动植物油，应在处理后再行排出。

（4）光污染控制

建设施工过程中，光污染控制也是需要重视的一环。施工中光污染分为以下几种：施工现场钢材切割、焊接时引起的强光；施工围挡材料自身存在反光现象；夜间施工时安装的大型照明灯具。施工现场光污染不仅会对交通造成影响，诱发交通事故，还会影响周围居民的情绪及身体健康。项目组本着绿色施工的原则，应采取必要措施对其进行控制。钢材加工时为防止强光外泄，应设置一定的围挡或在相对隔离的环境中进行加工。对表面反光的维护材料，可提前对其表面进行处理，施工完成后再撤除。尽量减少夜间施工，不得已夜间施工时要在场地周围做好遮蔽，调整照明设备角度，避免直射光线直入空中。

除以上几项污染之外，施工对环境的影响还包括建筑垃圾等固体污染物、施工对周围环境的破坏等。施工场地内垃圾分为建筑垃圾和生活垃圾两类，应采取不同的措施分别处理。首先要尽量避免建筑垃圾的产生，已产生的建筑垃圾回收后再利用，严禁建筑垃圾未经处理无序倾倒。工人生活区应注意生活垃圾的分类回收，保证环境整洁。

综上所述，要想确定施工过程是否绿色化，需从资源能源的节约、施工管理、环境影响三个方面进行量化评估。其中资源能源的节约利用、绿色施工综合管理更多的是控制项目自身，通过提高建材、能源的利用率，加强施工过程中对工序、人员的管理来实现项目施工的绿色化。环境影响要素则更多地强调了项目施工对外界环境的影响，要想减弱环境影响度，还需要在施工过程中加强前两项的控制力度，如改进工艺工法、使用清洁能源、控制建材用量、合理调度机械人员等。将BIM技术应用到建筑绿色施工中，有助于节约资源能源，优化施工管理，进而达到减小甚至消除环境影响的目的。

（三）BIM的预制装配式施工综合管理

施工过程中的综合管理是预制装配式住宅绿色施工顺利进行的保障，施工方应通过对项目的统筹规划，尽力在管理过程中做到环境友好、资源节约，达成绿色施工的目的。将BIM技术应用于施工综合管理，借助其信息化的平台，可以提前模拟施工方案，清楚直接地完成对项目组的技术交底；借助4D虚拟施工，控制项目的进程；模拟脚手架的搭建方案，提高施工安全系数；当工程出现变更时，做好变更统计，方便复查。在施工管理中应用BIM技术，有利于施工的绿色化。

1. 预制装配式住宅施工方案模拟

二维设计时代，建筑各专业间的设计冲突很难在图纸上识别，当施工进行到一定阶段时发现但为时已晚，不得不进行纠错后重新施工，造成浪费。统一的BIM平台下，各专业在设计阶段即相互配合，出现设计冲突的地方可以及时纠正，避免将设计错误带到施工中去，这不但提高了设计效率，施工进度也大大加快，避免了因设计错误带来的施工材料的浪费。利用BIM技术对施工方案模拟，可优化施工方案，借助BIM软件能够将项目施工进度计划作为第四维添加到模型中，从而动态地分析施工流程，模拟现场状况。对潜在的问题提前进行排查，合理布置施工场地，做好设备人员调度，确保足够的施工安全措施。通过施工模拟可以提前规划起重机、脚手架、大型设备等施工器材的进出场时间，有助于系统的优化施工进度。

BIM 技术支持下，传统的纸质施工图被虚拟三维模型所代替，施工人员可以借助模型进行施工方案模拟，通过调整 BIM 模型，在电脑上将最优的施工方案确定下来，这样就避免了传统的工法实验，节省了人力物力财力的同时，将工程质量提高了一个档次，施工错误带来的返工减少。施工方案交底时通过形象的三维 BIM 模型向工人展示施工方案，便于其理解，沟通效率提高的同时，侧面提高了施工的质量和安全性。施工模拟的具体操作过程如下：首先用 BIM 核心建模软件 Rveit 创建项目 BIM 模型，为了得到建筑的各项性能指标需要相关软件进行模拟分析，比对分析结果调整方案，做出最优选择。建筑模型完成后在此基础上进行结构深化，依据结构深化成果提出该项目施工组织方案，排定合理的施工工序，尤其是预制装配式住宅的构件安装顺序要做到提前规划，将确定的施工进度计划通过 Autodesk Navis work 添加到 BIM 模型中，使其具有四维性，包含施工全流程。

业主及施工方即可通过该模型查看任一时间节点上项目的计划进度。借助 BIM 进行仿真模拟，可以在实际施工前展示项目的施工全过程，模拟施工能展示目前的施工状态和施工方法，便于施工人员把握施工顺序，调配好预制构配件的安装。同时，通过仿真模拟可以提前排查施工中可能存在的问题，有利于及时对施工方法做出可行性调整。施工模拟还能验证既定施工方案的可行性，提出优化措施，提高项目控制程度，也利于工程安全。在预制装配式住宅项目中应用 BIM 技术模拟施工全流程这一个复杂的系统的过程要求不同专业的工作人员要在统一的平台下相互合作相互协调。要想保证预制装配式住宅施工过程模拟的真实性、细致性、高效性和全面性，必须确保预制构件的安装顺序、吊装路线、进场组织等环节合理。通过设定符合实际情况的模拟参数，BIM 模拟结果才能保证其合理性，才具有指导施工的实际意义。

2. 预制装配式住宅施工进度控制

BIM技术是一种信息化的辅助手段，要在预制装配式住宅的施工进度控制中应用BIM技术还需要已有的管理理论、技术方法的支持。目前对施工进度的控制多是应用单独的技术手段，集成度较低。BIM技术构建了一个信息共享与传递的平台，带来了技术集成效应，对提升项目管理效率实现施工进度控制信息化作用巨大。

BIM控制施工进度的第一步是辅助制定项目计划。项目计划对施工进程做了预先的规划，在BIM模型中将项目进程与预制构件的三维信息和属性信息相关联，并做好每个时间节点的资源配置，保证恰当的材料配给，这就构建了模拟施工的4D模型。通过4D施工模型，项目参与方即可查看选定时间节点或特定工序的施工进度模拟情况，排查可能出现的工期延误，通过对具体的项目进展、人员、资源和工器等布置进行调整实现对施工计划的优化目的。各段施工方可以将4D施工模型作为指导自身工作的标准，研究清楚前后工序的内容和进度，制定本专业的详细工作计划。BIM技术下的4D施工模型包含了项目从开始到结束的所有进度情况以及工序前后实施顺序，具有相当的弹性，项目进展过程中应该实时对比实际完成工程量与施工计划的偏差，分析原因并对施工计划做出适应性调整，确保项目进度总目标的实现。

预制装配式住宅项目施工过程中，施工进度受不可控因素影响可能出现与原定计划的偏差，因此施工方在项目进行过程中应对其进行实时监控，阶段性的记录实际施工进度，比较其与计划进度间的偏差，对不合要求部分做出调整。对施工进度信息可采取拍照、红外扫描与人工判断相结合的方式采集，经过分析，生成实际进度与计划进度的对比图。项目组根据工程实际进度决定是否对调整施工计划。BIM平台下的计划调整相比传统的方式效率大大提高，免去了出现问题后的层层上报，各参与方直接在同一可视化的数据平台上商讨协调解决方案，省时高效。方案调整后又可将信息反馈到4D施工模型中生成新的施工计划，指导后续施工。

BIM 技术支持下，预制装配式住宅施工结束后还要对施工进度计划进行综合性的评价，以此来检查各参与方的配合度、工作效率、计划的正确性及计划执行情况，以便企业开展相似项目时可借鉴经验。评价可以通过对比初始模型与竣工时的 4D 模型来查看其区别，由 BIM 生成相应报表，对项目进行过程中的调整及其效果进行评估，分析施工过程中材料的利用效率等。进度完成评价涉及所有的参与方，各方在该项目中的工作、效率和责任一目了然，不仅施工单位可以借鉴该项目的经验，各参与方都可以以此为案例指导今后的工作。4D 虚拟施工是 BIM 技术调控施工进程的主要方式。

4D 虚拟施工模型是在 3D 模型的基础上结合施工进度表形成的动态性的模型，它用构件的使用情况来表示施工进度，可以通过模型形象的展示施工进程。项目的实际已建部分、在建部分和工程延误都能用不同的颜色在模型中清晰地标示。4D 施工模型可以形象地表达施工进度、配合图例，非专业人士不需要解读就可以明白工程进展情况，大大减少了沟通的时间。

3. 预制装配式住宅工程变更管理

工程变更是项目施工过程中的常见现象，好的变更有利于改善建筑的质量、降低造价、加快施工进度。现阶段许多项目工程因为没有可以参考的标准，变更管理非常混乱，负面效果远大于正面效果。借助 BIM 平台，预制装配式住宅工程变更管理更加便捷高效。项目所有参与方在同一平台上交流，当工程因设计改变出现变更时，设计方修改 BIM 模型，其他各参与方的图纸数据也会随之及时更新，大大减少了传统变更管理手段变更管理信息传递不及时的缺点，工期加快的同时管理效率也有了较大提高。

传统模式下，工程出现变更时诸如合同价款、材料采购费用、施工预算等数据需要重新结算，繁琐而耗时。通过 BIM 模型可以直接生成变更数据统计表，量化显示的工程变更方便参与各方对其进行比较分析。BIM 竣工模型能够详细记录所有的工程变更数据，方便施工造价的结算。BIM 竣工模型能够详细记录所有的工程变更数据，方便施工造价的结算。

二、施工面临的挑战与绿色施工的要求

（一）施工面临的挑战

施工中存在着巨大浪费现象；近几年来，城市化浪潮正在席转全国，随着经济的迅速增长，我国建筑业正处于一个蓬勃发展的阶段。建筑业粗放的管理模式正带来越来越多的问题，如生产效率低下、浪费现象严重和信息化程度低等问题，其中浪费现象最为严重，由于施工效率不高等原因，我国建筑业大概存在着30%到40%的浪费情况。建筑资源的浪费存在于建筑的各个环节，十分普遍，其施工过程中的浪费十分严重，主要体现在以下几个方面：

1. 许多施工部门的管理不精细，施工各部门之间的配合不协调，容易造成施工各工序之间的脱节而浪费人力、物力、财力。

2. 项目施工时，符合质量和数量要求的设备不能及时地到达现场，造成对工期的延误而造成巨大浪费。

3. 施工现场混乱，物资的摆放和保管不够科学，从而造成场地资源的浪费，给施工带来麻烦。

4. 盲目追求建筑物的新颖而忽略造价的因素，在项目的设计阶段，由于对建筑节能方面考虑得比较少，在建筑施工中造成人力资源及材料的浪费，不符合绿色建筑、绿色施工的要求，造成极大浪费。

施工面临新的挑战，我国建筑业不停地在发展，建筑物越来越新颖，造型越来越独特，与我国文化紧密相连。同时，随着抗震与高层建筑的理论愈显成熟，建筑的高度也越来越高，超高层的建筑越来越多。这些给施工带来了新的挑战：

1. 超高层建筑越来越多，随着经济的快速增长，我国建筑物的高度也越来越高，高层、超高层建筑越来越多。建筑设计的技术也越来越精湛，相关的规范也越来越完善，建筑施工对新型材料的使用也逐渐增多，这些全部给施工带来了新的挑战，因此相应的施工技术、施工工艺、施工机械也在不断地更新以满足建筑

物的要求。

2. 建筑物异型程度高，现代建筑物不仅要满足人们的生活、办公要求，而且还要展现当地特色，甚至国家文化，如上海中心、北京鸟巢、水立方、中国尊等。这些建筑要考虑与周围环境的协调和空间人们的审美需求。这些独特的造型给施工带来了极大的挑战。

3. 城市建筑物越来越多，国家城市化如火如荼地发展，越来越多的人涌入城市，我国“家”的概念根深蒂固，这与我国文化息息相关，买了房子才算有了家，越来越多的人选择到城市买房。我国城市化的迅速发展，建筑物也越来越密集，新建筑物的施工很可能在场地狭小、人流密集的地区。这给施工带来了新的挑战。

（二）绿色施工的要求

1. 绿色施工的背景

“绿色”这个词实质是为了实现人类生存环境的有效保护和促进经济社会的可持续发展，其本质强调的是对原生态的保护。对建设工程施工行业而言，在施工过程中要强调对资源的节约与贯彻以人为本的概念，充分利用资源，使得行业的发展具有可持续性。绿色施工强调在施工中对环境的污染进行控制和对资源的节约，是我国可持续发展战略的重大举措。我国也正在大力提倡保护环境与绿色施工，绿色施工的提出为我国建筑业发展方式的转变开辟了一条重要途径。2005 年建设部编制了《绿色生态住宅小区建设要点与技术导责》、2010 年建设部和科研部颁布了《绿色建筑技术导则》、2016 年发布了《绿色建筑评价标准》等。伴随着绿色节能和绿色建筑的推广，在施工行业推行绿色化业开始受到关注，基于这样的背景，绿色施工在我国被提出并持续推进，正在逐渐成为建筑施工方式转变的主旋律。

2. 绿色施工在建筑全生命周期中的地位

施工阶段是建筑全生命周期的阶段之一，属于建筑产品的物化过程。从建筑全生命周期的视角，我们能更完整地看到绿色施工在整个建筑生命周期环境影响中的地位和作用。

（1）绿色施工有助于减少环境的污染

相比于建筑产品几十年甚至几百年运行阶段的能耗总量而言，施工阶段的能耗总量也许并不突出，但施工阶段能耗却较为集中，同时产生大量粉尘、噪声、固体废弃物、水消耗和土地占用等多种类型的环境影响，对现场和周围人的生活和工作有更加明显的影响。施工阶段环境影响在数量上并不一定是最多的阶段，但具备类型多、影响集中和程度深等特点，是人们感受最突出的阶段。绿色施工通过控制各种环境影响，节约资源能源，能有效减少各类污染物的产生和减少对周围人群的负面影响，取得突出的环境效益和社会效益。

（2）绿色施工有助于改善建筑绿色性能

规划设计阶段对建筑物整个生命周期的使用性能、环境影响和费用的影响最为深远。然而在规划设计的目的是在施工阶段来落实的，施工阶段是建筑物的生成阶段，其工程质量影响着建筑运行时期的功能、成本和环境影响。绿色施工的基础质量保证有助于延长建筑物的使用寿命，实质上提升了资源利用效率。绿色施工是在保障工程安全质量的基础上保护环境、节约资源，对其环境的保护将带来长远的环境效益，有力促进了社会的可持续发展。推进绿色施工不仅能减少施工阶段的环境负面影响，还可为绿色建筑形成提供重要支撑，为社会的可持续发展提供保障。

（3）绿色施工是建造可持续的支撑

建筑在全生命周期中是否是绿色、是否具有可持续性是由其规划设计、工程施工和物业运行等过程是否具有绿色性能、是否具有可持续性所决定的。一座具有良好可持续性的绿色建筑的建成，首先需要工程策划思路正确，符合可持续发展要求；其次规划设计必须达到绿色设计标准；物业运行是一个漫长时段，必须依据可持续发展思想，运行绿色物业管理。在建筑的全生命周期中，要完美体现可持续发展思想，各环节、各阶段都必须凝聚目标，全力推进和落实绿色发展理念，通过绿色设计、绿色施工和绿色运维组件成可持续发展建筑。

绿色施工的推进，不仅能有效地减少施工阶段对环境的负面影响，对提升建筑全生命周期的绿色性能也具有重要支撑和促进作用。推进绿色施工有利于建设环境友好型社会，是具有战略意义的重大举措。而这正与 BIM 的理念相一致，通过 BIM 技术，结合绿色施工的理念要求，将对我国可持续发展和人们生活环境的改善做出贡献。

第五章 BIM 技术在建筑施工过程中的问题

建筑信息模型是应用于建筑行业的新技术，为解决建筑行业的发展问题提供新方法、新思路。但是由于国内技术条件的局限性，目前中国建筑业BIM技术的研究滞留在基础层面，缺乏进一步的推广应用和理论研究。因此，有必要开展BIM产品的研究与推广，探讨阻碍BIM技术在中国发展的相关因素。本章主要从国内建筑行业BIM技术的应用现状入手，对BIM技术的特点进行了讨论，通过对限制中国建筑领域BIM技术应用的条件进行分析，找出主要的阻碍因素，提出突破国内BIM产品研究、应用瓶颈的解决办法和方案，对国内建筑业BIM技术的发展与应用具有指导意义。

第一节　BIM技术在建筑施工过程中的优点

改革开放促进了国内经济的腾飞，也给建筑市场的壮大创造了有利平台。但是快速发展的经济也是一把双刃剑，不仅能促进国内经济的发展，也会带来环境污染、能源消耗等问题。因此，在保证建筑经济飞速发展的同时，有必要开展建筑业低能耗、低污染的研究。BIM技术的出现，很好地与绿色建筑施工结合到一起，也给在建筑施工中的节能减排提供了技术保障，因此，在本节中我们将重点介绍有关BIM技术在建筑施工过程中的优点相关的内容。

一、BIM技术的应用及优势

（一）BIM技术原理

1.BIM的原理

一般认为，“BIM”即为“建筑信息模型”。据资料研究表明，BIM技术是通过对建筑项目几何、物理和功能信息的数字方式的表达，来对建筑全生命周期的建设、运营以及管理决策提供一定的技术方法的支撑。从而把应用BIM解决问题的过程称为 BIM 技术，把支持 BIM 技术的软件叫作“BIM 软件”，而把通过 BIM 技术所建立起来的建设项目信息模型，称之为“BIM”模型。相比较，美国国家 BIM 标准对 BIM 的定义比较完整，即 BIM 在建筑项目的物理和功能特性中对其进行数字化表达；BIM 还为建筑项目的全生命周期所有的决策提供有效的借鉴，其中有施工进度、建造过程以及维护管理等过程的信息，它可看作为可共享的知识资源，并且可以对该设施的信息进行分享；并且不同参与方可依据 BIM 所提供的信息，在项目不同阶段中，进行信息的插入、提取、更新和修改，从而相互得以配合协作，来共同完成项目内容。

2.BIM 技术应用

通过 BIM 技术所建造的建筑信息模型可以使不同阶段的工作更具整体性，基于同一模型提供不同的信息资料，如可转化为 3D 模型，或普通的 2D 施工图，亦或是表现为二进制信息，从而可以转化进不同软件中进行能量、结构以及预算和管理等的分析。同时，在方案设计、施工图、建筑分析、运作等各个方面中 BIM 均可对其进行一定的分析。

与当前涉及的数量众多和单一的一套系统制作的图纸的方法是非常不同的，因为以上的这些模型都属于 BIM 数据库，其可以看作是一个整体，来判别“冲突”，即建筑、结构和水暖电系统间的几何学冲突，并且可通过虚拟的方法来处理这些“冲突”，从而有效地降低其在实际操作中出现的频率。其中任何角度的 2D 或 3D 图可通过制作工具来进行，该工具还可制作标准文件。由于各项信息被保留于 BIM 的数据库中，因此在分析时，BIM 的分析工具可从中得到其所需的各种数据，例如，对于能耗的分析时，则可将所需的场地信息、建筑材料以及能源系统等提供给能耗分析工具，由于该工具中存有所需的光、温度、风等相关信息，因而通过模拟可以对建筑的耗能情况、解决方案，以及绿色建筑评分值进行综合分析。然后，根据分析结果可对其进行修改，并进行进一步的 BIM 验证模拟，几经反复校验，直到结果理想。所有的一切都通过数字模式完成，无需手动将来源不同的信息重新输入各个工具。

（二）BIM的功能特点

能将建筑全生命周期各个阶段的数据、过程和资源进行有效的连通整合，则需要较为完善的信息模型，而该模型亦可对工程对象进行完整描述，还可使不同的参与方进行使用，具有一定的普遍性。由于拥有单一的数据源，因而分布式、异构工程数据这两者之间所存在的问题，即一致性和全局共享，可在BIM中得以解决，并且这种形式的数据源还可对生命周期中动态的工程信息中的创建、管理以及共享起到一定的支撑作用。BIM一般具有以下特点：

1. 模型信息的完备性

BIM的信息涵盖了包括全周期的全部信息，承载了项目所需的信息搭建、编辑、修改功能，在全过程的不同阶段中，由于在建筑全生命周期中各阶段具有一定差异，因此这决定着不同的参与方与其所进行的活动也有所差别，然而，各个参与方之间又存在着一定的关联，从而才能确保项目的开展和完成。在建筑项目的不同阶段中，建筑信息是其中的重要元素，其决定着最初的设计理念能否在最终的建筑成果上得以正确并及时地予以彰显。其不仅可以在三维几何信息和拓扑关系对建筑对象进行说明描述外，还可以对设计信息、施工信息、维护信息以及对象之间的工程逻辑关系等这些较为全面的项目信息进行描述。

2. 模型信息的一致性

BIM所涵盖的信息是建筑师输入的完整展现，即使在信息交换、传递中进行表达形式的变化，其数据模式本身不会变更。在BIM中，不同阶段的模型信息可无需反复录入，这是因为这些信息在各个阶段中是相同的。同时，由于信息模型在各个阶段中是可以进行自动调整的，不用对其进行新建，这样就有效地避免了由信息不一致所引起的问题。

信息交换与共享的问题的解决方案是标准。由于具有这样一个统一的标准，就使得不同的系统得以方便地进行交流，因此，不同的数据语言便可在不同系统中自如应用了。BIM涵盖信息丰富的内在要求是建筑师等从业者需从绘图工作模式转变为模型为核心的信息管理、数据转换的工作模式，解决多专业的交接问题，模型标准格式是沟通交流的语言。

要解决信息交换问题，一定要有一套可以为业界接受和认可的数据交换标准。当前的 BIM 应用国际标准是 IFC 标准，是用以在工程数据中进行交换的标准，并且现已在国际建筑业中得到推广，主要承载三维建筑数据，并支持多维度的交换建筑周期各阶段中的信息，是一个适应当前 BIM 技术现状的标准，其不受任何供应商的制约。IFC 可以理解为各专业之间沟通的语汇，以单一格式记录描述建筑构件，这样建筑就有了一种共同的语言。IFC 标准的最终目标是保证全球的不同的 BIM 应用软件、不同的专业之间、在全生命周期内信息的有序共享。IFC 格式的模型主要包含以下两方面，即具体的建筑元素，如梁、柱、板、吊顶、家具等，以及抽象的概念，如计划、空间、组织、造价、材料特性等。

3. 模型信息的关联性

当前的建筑信息技术呈现割裂的局面，解决不了绿色建筑的众多问题，而基于 BIM 建立的信息模型便可对各个方面，以从当前辅助绘图的信息技术上升为辅助设计的信息技术。针对同一项目的不同专业从业者信息互用的同时，对模型的编辑、修正都将即时地影响协同工作的人员，在这个过程中数据本身可以多次使用，重复利用并不影响其完备性。方便的检查各专业各部分构件之间的空间冲突。这一功能有效地支持绿色建筑各阶段信息的关联，有利于绿色理念的集中体现。由于在信息模型中的各个对象是相互联系以及相互识别的，因此，当模型对象有所改变时，与其相联系的全部对象均会有所改变，进而系统可以准确地对改变的信息进行分析统计，并据此形成正确的图形和文本，从而有效地保证了模型的完整性、正确性以及联系性。

（三）BIM 软件应用

1.BIM 软件类型

在 BIM 的发展与应用过程中，得益于软件的支持并与其息息相关。越来越多的信息技术层出不求，这大大促进了建筑师对新软件的需求，BIM 的应用需求也催生了一大批与之相关的软件产品。此部分内容对BIM当前开发软件进行分类，并对与课题相关的类别的功能和软件产品做一个简单的介绍。BIM作为工程建设领域的一个新的技术支持，其在应用方面涉及了不同应用方、各种专业以及不同的项目阶段，面对繁多的软件产品为便于说明，整理出目前常用、与BIM相关的十三类软件。最重要也是最通用的BIM建模及信息创建软件，是完成相关功能的基础，而其余的软件与BIM进行关联，是体现BIM技术优势的工作软件，包括绿色分析、碰撞检查等。

2.BIM软件的两种职能

尽管已有部分建筑设计辅助计算机软件是基于BIM所制定的，但是由于其应用领域的宽泛，其技术应用的方式有所不同，这是由于它本身的内涵所决定的。当前在建筑信息模型技术中，BIM软件主要是将现今所有的软件其所应用的建筑信息模型技术进行总结归纳。总之，在建筑信息模型的建筑设计基础之上，BIM软件系统主要涵盖了以下两方面的内容：

（1）辅助设计通过在各项设计数据之间建立一定的相关性，使其相互联系，具有一致性、实时性，这样即便对数据库中的数据进行改变，其均可瞬时在与其建立联系的数据中有所体现，这样一来则大大地加快了工作效率，并使工程质量具有一定的保障。

（2）辅助管理基于设计成果的数据基础，以可视化、关联性的平台连接专业及非专业人士，不同项目参与方提取使用；辅助设计与管理两大职能使得三维设计技术在二维设计技术基本上产生了巨大的变革。

（四）BIM技术在绿色建筑中的优势

1.BIM技术覆盖绿色建筑全生命周期

建筑的全生命周期，是BIM和绿色建筑共同关注的重要内容。由于BIM的涵盖范围越来越广，因此在建筑生命周期这一部分，仅有建筑拆除这一环节没有对其进行涵盖。但是就建筑的发展看来，BIM也会逐渐将生命周期全部纳入其研究范围，从而与绿色建筑相一致。由于将绿色建筑与 BIM 技术相互结合，因此使得在单一数据平台上不同专业可进行共同的设计以及数据的整合，这一举措得以 BIM 模型中实现，并且在生命周期不同的阶段保证数据的准确性。

通常 BIM 模型可以从设计阶段沿用至施工阶段，因此能够较为直接地对工程量进行统计计算，同时进行一些模拟的施工建造过程，研究施工组织方案。BIM 模型可以应用于建筑的运营管理中，这便使得管理人员能够对所维护的建筑具有较为全面的了解，并且在传递的过程中信息不会丢失。另外，BIM 涵盖了建筑全信息，支持多专业方基于 BIM 进行性能模拟、绿色分析、空间论证等更深入的研究。

2.BIM 技术提供性能模拟与分析

实际建筑物若缺乏 BIM 对其进行模拟分析，则其在实际发展中是缺乏关联性的，这实际上只是一种可视化效果。而只有随着建筑的变化，来迅速地对其进行各专业的探究和分析，才可正确地反映出建筑的实际状态，也就是说需要将“设计—分析—模拟”进行一体化才的动态表达，这样所得结果才能较为准确地供业主对此进行决策。从大的范围讲，BIM 为绿色建筑提供的分析使不同阶段的工作均可得以深化定量分析，基于此可以进行每个环节的自评估，在这样的情况下，计算机辅助模拟与建筑设计的整合更为直观与密切，并且也成为循环设计与信息反馈的过程；并且各阶段深入地创造与深化，则是建立在前面设计基础上；由于各阶段具有不同的任务，所面对的问题也不尽相同，因此各阶段具有一定的相对独立性；针对不同阶段，要具有一定的侧重点，并根据评估分析的结果，整合信息的反馈意见，来对其进行阶段性的修改。因此这种以节能为最终目的的集成化设计过程的主要特点则为，将共性与个性、统一性与阶段性进行有效结合。

3.BIM 阶段成果具有关联性与一致性

BIM 进行工作的模式分为两个属性，协同的方式与协同的主体。二者共同作用，决定了建筑项目的效率与科学性，在传统建筑项目中，主要成果为效果形象等 2D 图形文件，同时，逐渐被大家广泛认可的 BIM 模型也是该内容之一。然而对于建设项目的协同来说，则是一种跨度较大的行为，即需要不同企业、涉及不同地域、需要不同语言，因而，为了使不同内容相互协同，则不但要基于互联网建立对其具有支持作用的管理平台，同时，根据BIM模型所整合的建筑项目的几何、物理以及功能信息，来为各方参与人员提供较为准确、完整的信息，以方便其做出相应的判断决策，进而来使整个项目得以高质量、高性价比地完成。就目前情况来说，将建立在网络平台基础上的，具有一定的设计沟通方式，以及对设计流程具有一定的组织管理形式的这样一种设计，则可称之协同设计。而协同作业其核心则关键就是“数据”，将数据看作其主要核心，并通过对数据的创建、管理以及发布，来完成对信息化的基本定义。

二、基于BIM技术的绿色建筑项目流程

（一）绿色建筑的一般流程

当前的绿色建筑项目的流程是我国建筑行业内部大量使用的主要以二维CAD为工具的项目组织模式。绿色建筑在传统辅助技术下实践所呈现的局面包括：第一，项目从启动到施工完成的过程主要依托与CAD为代表的相关图纸。第二，设计环节的调整变更较难，切细节错误不容易察觉。其三，落实设计成果过程中的算量、估价较难并且不准确。这些问题的存在并不是某个绿色建筑项目的特例，而是绿色建筑依托于传统建筑存在的普适性问题。

（二）BIM的应用过程

如上所述，BIM模型等级作为BIM技术在实践中的应用基础，为BIM在实践中的各个阶段制定了内容标准，我国对建筑信息模型标准的制定正处于起步阶段，基本借鉴了国外的模型标准，各大设计院结合本院实际情况不同，BIM应用程度不同制定了BIM实施导则，虽然内容有所差异，但是基本涵盖了模型等级国际标准由100到500的工作深度。

总体上看，根据BIM技术自身的技术特点，结合建设项目按时间序列进行的规律，BIM的实践过程从前期分析到模型的搭建完成再到虚拟现实，不同阶段的BIM技术特点有所差别，前期分析中BIM技术发挥了项目基础信息管理，对项

目的决策与选择的前期研究内容予以支持，包括业主的建议、环境的仿真模拟、建设项目决策等等。在模型搭建中，作为 BIM 技术的主导功能，模型搭建过程融合了 BIM 的大部分技术要点，如建筑性能模拟与分析，协同设计等。虚拟现实阶段，作为 BIM 技术给建筑行业带来崭新的技术应用，为工程项目提供准确的指导，使得施工与运营前可以制定相关的提前计划。

绿色建设项目是随着规划、设计、施工、运营各个阶段逐步发展和完善的，从信息积累的角度观察，可通过对项目的相关信息进行由宏观至微观、由相似至准确、由粗略至详尽的建立、搜集和发展的这一过程，来进行项目的建设。尽管建筑相关元素的信息可以在 BIM 模型中得到较为准确的数据展示，但是其却不一定能与项目中不同时间点的设计师所获得的真实信息相一致，而绿色建筑所进行的性能模拟、分析等又加剧了这种不确定性。国际 BIM 应用过程的表达方式是划分 BIM 的级别，来对 BIM 模型中的不同建筑元素所显示的精度分级，详细等级共分 5 级，由 100 到 500，以此来划定不同 BIM 模型的使用范围。

（三）BIM 在绿色建筑中的应用框架

以 BIM 技术为实现基础所进行的绿色建筑实践工作，主要是利用了 BIM 技术的优势，针对绿色建筑各个阶段的不同技术难点，提出基于 BIM 的解决方法，绿色建筑全生命周期的主要分为以下 4 个阶段，首先是决策阶段、然后设计阶段、施工阶段以及最后的运营管理阶段，向上可以延伸到绿色材料生产，向下涉及建筑的拆除和再利用。

以 BIM 技术的实践过程整合绿色建筑项目流程，是对 BIM 在项目不同阶段的职能进行分类，主要职能包括辅助设计与辅助管理，而主要内容包括 BIM 的项目前期分析功能、模型生成以及虚拟现实，是贯穿与生命周期的应用方式。本书的核心章节划分一方面是出于 BIM 技术的职能不同体现的策略性质不同而划分。另一方面，绿色建筑关键性两次评价为施工图结束后的设计标识评估与竣工使用后一年的运营标识评价，已经集中体现了两大阶段绿色建筑工作内容的不同。

决策与设计阶段，是方案从无到有的过程，依托BIM技术辅助建筑师进行设计。施工与运营阶段，是绿色建筑从构思到实体的实践活动，绿色建筑项目的参与方包括专业人员也包括非专业人员，各专业共同配合与管理完成建造实践过程，可以依托BIM技术辅助进行管理与制定计划。

三、决策与设计技术需求及BIM应用策略

（一）绿色建筑决策与设计的要点

1. 合理利用生态条件

绿色建筑的设计概念并不排斥传统的设计美学，然而，为达成《标准》的硬性控制要点，绿色建筑在项目的起初必须注重对生态资源的分析与处理，不但是为满足本环节相关的控制指标，也是整个生命周期中的提出决策的重要依据，然后生态数据的种类包罗万象，设计者在工作中难以从重抉择，加之单独建筑的特殊性与多样性，处理细节的问题不易掌握尺度。笔者将绿色建筑评估体系中相关的生态数据整理分为主要四大方面内容，以便设计决策的制定并有效实施。

（1）减少生态资源开发

土地的生态状况在绿色建筑评估体系是设计初试的首要分析要素，建筑体本身也是对环境的改造，但是绿色建筑的建造不可以破坏标准所规定的文物、国际森林、水体与农耕、动物栖息地等保护范围。所以，当建筑项目周边有生态场所，必须对此展开调研与探讨，并将结果作用于前期概念得出适当的策划。即使不是国家重点保护区，场地的水体、附表植物、地容地貌等亦不能随意损坏，对此，土地生态要素的变化势必产生当地微气候的变化或潜在的不利作用。对于建筑材料，绿色建筑需采用适当比例的绿色建筑材料，生产地点距离不大于500km。

在场地的水利用方面，必须清楚场地周边的年平均降水情况；节水是绿色建筑设计最易满足的指标，也是最基础的评估标准，建筑初试阶段必须将水资源当作一个非常必要的生态要素进行策划，并在设计中落实。场地的河流、湖水甚至滨海，水系在地标的路径，地下水的情况，这些内容是否存在将决定供水设施的

规划、用水条件、给水和排水方式等。

（2）适应气候条件

①风热条件：通风与散热是绿色方案设计风热环境考虑的关键条件，通风条件的考虑包括对外环境的季节风向、风速、风压以及次数等参数，分析这些条件以冬天和夏天的主要风向为极值作为影响着建筑中人活动的切入点，一般情况下建筑外环境中人的行走与活动以1.5m的标高计算，风速不应高于5m/s确保人体的舒适性。当前阶段计算机模拟技术已经普及，设计中多使用CFD技术软件分析风热环境，其成果体现为风环境模拟分析评测图和报告、热岛模拟预测图和报告等。

②日照条件：日照环境所涉及建筑的朝向、建筑布局、光环境干扰等条件，建筑布局是否产生光照的遮挡需要获取场地的日照条件系数，绿色建筑对新建建筑的日照要求需满足其光照条件指标，其中住宅相比共建更为严格。日照条件的获取为项目提供相关光环境设计的基础资料，自我遮挡与相互遮挡，自我遮挡是指单独建筑内各户型范围的本身建筑遮挡执行每套住宅至少需要有一个居住空间可以满足冬季日照。相互遮挡包括用地范围内各栋建筑之间的互相遮挡，用地范围与周边相邻用地各栋建筑的互相遮挡执行大寒日3h或冬至日1h。

（3）应对潜在危害

场地是否有洪灾威胁，或泥石流以及地震等潜在危险，土壤中的氡含量如何，这些都需要进行调查。潜在的危害包括外环境物理因素和化学因素，易燃易爆、磁场外辐射等；而化学因素主要指污染源于有毒气体等。即使在新开发的土地进行绿色建筑也需要在相关规定的标准下，解决这些潜在的危害，使生态状况趋于正常合理。对于新时代的人们，噪声也是城市中绿色建筑所重点评估的要点，而对于此环节的建筑师往往忽视新建建筑的防噪设计，因为场地周边可能在开发时并不存在这样的问题。而在使用中，随着城市的更新，噪声问题才能显现。对场地的环境噪声水平进行调查，应结合未来的发展趋势、道路的承载量，并综合上位规划考虑周期环境随着城市化进程所带来的变化。灾害和绿色建筑不利因素的归纳可以绘制成潜在灾害和有害物质分析资料，分析结果都要体现在生态数据收集中以便绿色决策的科学性。

（4）适当进行生态修复

建造活动和建筑本身都是人改造自然的行为，或多或少会对场地生态现状进行破坏，绿色建筑同样规避不了这样的事实。然而绿色建筑提倡在开发生态环境的同时对原有生态进行重塑或补偿，具体的手段体现在：屋面绿化设计、竖向绿化设计、架空底层还原城市土地等。而对于使用后的减污措施亦应当在决策阶段考虑，污染物的排放方式与排放量的控制是减污指标的控制要点。

2. 科学定位绿色目标

《标准》虽然是对绿色建筑构件了一个由指标呈现的控制体系，但是绿色建筑的具体目标是建筑师与绿色建筑开发者最为关心的问题，是绿色建筑可以在实践中实施的首要问题。《标准》对绿色建筑的定级就是为了不以极端的方式去对绿色建筑进行评估，总体上讲，绿色建筑与一般建筑的不同，体现在可持续发展、资源有效利用。对于绿色建筑之间的差异性，不强调以统一的尺码去衡量，更具项目所能达到的绿色程度，采用分项归类与分项定级的形式，使得绿色建筑项目参与方根据周边环境与社会、本身实力、建筑自身特点科学定位绿色目标。

绿色建筑的目标定位依托于对当地气候、人文地理、生态要素、社会文化、经济基础等内容，这些条件常常具有很大差别。所以，在项目实践中，必须以客观事实因地制宜的角度进行考量，极端的绿色做法亦不是绿色建筑理念所提倡，针对《标准》的控制要点并非全盘参与，而是合理筛选适合本次项目的最优方案，具体环节包括：

（1）基本目标《标准》中的控制项是六大指标体系的必要环节，即绿色建筑的设计内容必须完成控制项的要求，不可降低标准，对绿色建筑的评估具有一票否决权，因此建筑师必须将控制项的内容作为实践项目的基本问题。

（2）目标分级与基本目标相比，在接下来面对《标准》一般项与优选项时，这些指标参数是可选的，并且以数量为基准分为一星绿色建筑、二星绿色建筑和三星绿色建筑。不同的绿色程度，是建筑师对绿色实践活动进行分级的准则。

（3）指标的筛选指标的作用不仅是评估绿色建筑的是与否，也是导引绿色建筑如何设计的参考，基本目标与分级目标过程已经总体决定了项目的趋势，而接下来具体的甄选指标项是需要绿色建筑各个参与方认真考量与比较的。比较的主要原则分三方面内容：①必须在绿色建筑的决策阶段进行确定绿色建筑目标的任务，决策阶段是整个项目定位和技术路线制定的时期，作用整个生命周期；②在绿色评估指标筛选过程中应注意为设计留有余地，确保实践过程中的误差或突发事件以及新的设计要求。第三，作为控制项是必须符合要求的，是首要进行的，分级目标是可以根据具体情况而陆续启动的，通过指标的探究将绿色目标的要点进行组合。

3. 优先进行被动式设计

绿色建筑所谓的被动式设计主要内涵为不提倡传统能耗方式，采用空间规划、设计、组合等建筑设计方法来改良和营造适宜的绿色的活动环境，其作用在建筑的节约能耗与室内环境质量中，与主动式的技术相对应，并称为绿色建筑设计阶段的两方面实现要点。通过设计结合气候、周边环境彻底降低了建筑不必要的能耗，同时降低了额外的运营成本。同时采取这种方式进行设计可以强化绿色建筑风格的地域性倾向，避免了绿色建筑同质化的局面，使绿色建筑的高技成分降低，是绿色建筑理论体系的重要构成。

（1）规划布局外环境对绿色建筑的影响最直观体现在场地的规划布局上，建筑的布局与形体应有利于夏季的通风散热，规避冬季冷风，保持满足标准的光照条件与间距。场地的功能组织在满足传统建筑使用功能的同时达标《标准》中节地与室外环境的控制要点。

（2）建筑单体绿色建筑单体设计包括自然通风设计、自然采光设计、内部空间设计、建筑绿化计等，作为法制性设计的指标，各项内容均需同时满足标准，从这个意义上讲，绿色建筑设计是基于传统的被动式设计方法，但在增加考虑了不同的环境问题的妥协和折衷，加大了设计难度。绿色建筑的被动式设计不代表只能以绿色为设计概念，对这一个概念的误读往往造成绿色建筑的同质化，千篇一律，忽视了建筑设计多样性的内在要求，应对不同环境与项目客观条件提出合理的设计概念同样是绿色建筑遵循的重要原则。

4. 适当实施主动式技术

建筑所处的环境往往不受建筑师的控制，单纯的被动式设计并不能满足营造良好的人居环境，所以主动式绿色技术的选取也是绿色标识达成的途径，主动式绿色技术一般依托被动式设计的形式，凭借科技的优势，给人提供良好的舒适度。被动式设计往往是绿色技术的先决条件，而主动式技术是对被动式设计的补充，两者相辅相成。绿色建筑的评价标准对两者都有控制指标，避免主动式设计的过渡应用带来的浪费与高能耗。当前常见绿色建筑评估控制的主动式技术主要集中于节水、节材以及节能，具体表现为绿色建材利用、水体使用方式、实施的运行状况等。

（1）材料利用技术

绿色建筑的物料使用是主动式技术第一项工作，涉及绿色建筑的多方问题，不只是评估要点，并且材料的成本是绿色建筑的主要成本之一，绿色建筑材料需要达到基本目标与绿色目标：基本目标是材料本身具有安全、耐用、符合性能要求、价格合理、耐久性与难燃性较高等；绿色目标是指材料的生产、使用、再利用、销毁过程对生态环境污染最小化，并且对人体没有毒害效果。

（2）水资源利用技术

建筑中对于水体的利用几十年来就是节约资源的重要问题，其主要涉及水体质量与数量两大方面。所以绿色建筑的用水技术路线围绕着质与量进行实践。以此按照技术的性质不同，分为绿色建筑的中水回用技术、雨水使用技术以及绿色用水设施的配置，覆盖了《标准》对绿色建筑中节水环节的主要内容：

①绿色建筑中水回用技术建筑中水回用技术主要增加了从生态系统中获得水资源，并且降低受污染水源的外流，对于排水中的有害物质进行过滤，使得周边水域的影响程度最低。

②雨水利用技术对于使用雨水进行水体的利用的补充一直是绿色建筑的常规做法，雨水本身就是受污染较少、有机杂质含量低的生态资源。对此只需稍加净化可应用在生活辅助用水、生产型耗水环节，与对污水的二次利用相比水的安全性更有保障，病菌的传播率小，即使再经使用排除，也容易被生态环境所接收。截止当今，对雨水的主要使用方式包括：分散收集式、集中渗透式、屋顶雨水收集等。

③采用节水器具及设备当今建筑的供水主要体现在生活用水上，并且比重在增加，而用户使用的用水装置与卫生用水装置是用水的终端环节，对此问题的节水处理，会导致建成后运营中水利用的情况，所以采用设施节水也是绿色建筑的评估要点，对于目标为一星级的绿色建筑项目节水是主要工作内容，在二星及三星绿色建筑中节水设施设计同样是绿色建筑的基本问题。

5. 建筑设备节能技术

绿色建筑的被动式节能由于气候条件等问题不能满足人体的舒适性，所以通过主动式的设备使用来进行弥补是必要的，而使用过程同样需满足标准对此环节的控制，提升如供暖、送风、人工照明等能源利用方式的科学性，是实现节能的主要内容，这里必须确保室内的环境品质达标。

（1）控制设备参数

绿色建筑对设备的设计相比传统建筑更早切入设计阶段，通过降低设备的功率可以直观降低其运行能耗，但是这里的降低并非是硬性的牺牲人体的舒适度为代价，通过深入分析利用尽可能的手段，如设备与设备间的放热本身也是供暖所需，具有节能效益。传统建筑中建筑设备多为高能耗，积极地响应绿色理念需要设备生产方和使用者共同配合。

（2）控制建筑设备规模及数量

建筑设备的数量应当符合建筑的功能需要，同样其规模也应恰当。倘若建筑规模偏大，设备经常处于空闲、不满负荷使用导致建筑设备的使用效益下降，额外的浪费资金与能源；倘若规模偏小，设备即使全负荷运行也不能满足室内人体的舒适度，必定会更换建筑设备，同样是资源的浪费。在设计阶段，不但要考虑使用中的设备干扰与人体活动干扰，还有兼顾建筑在运营当中的发展，新的设备会逐渐更新，绿色建筑的设备需满足在既定使用期内的工作量符合业主的需求。

（二）决策与设计阶段的信息化技术需求

1. 定量分析绿色设计成果

绿色建筑与一般项目的区别在于对“四节一环保”的关注与达成，而在实践过程中，四节与环保的控制要点都需项目参与人员对项目的模拟与分析，结合所选评价标准的具体要求才可制定绿色的设计或实施计划，当下盛行的计算机辅助模拟技术已经趋于成熟，基本满足建筑师对绿色建筑环境模拟的定量要求。而作为模拟与分析的运作基础，建筑模型依然采用传统的方式，如3D格式等将建筑信息通过“块”的形式表达，不包含建筑的属性信息，需要通过在分析软件中进行编辑才可进行模拟，而分析软件的建模属于简易功能，只能做到描述与近似，在面对复杂构造与结构的绿色建筑便望尘莫及，一再地精简分析模型，带来的是误差放大，在规划与城市设计往往可以勉强进行，而在精细程度要求高的建筑与室内分析，往往出现分析效果图合格而与最终评估差距大的特点。

前文对绿色设计被动式设计要点与所需定量分析的总结基本概括了绿色建筑在这一阶段的主要工作，然而由于二维技术的局限，对于分析结果不符合设计要求的内容，需要人工修改大量图纸，一段时间内的工作成果付之东流，经过反复的修改需满足多方的评估才可进行下一步工作，并且绿色建筑的设计变更较难在设计后期进行，以避免设计大量返工的情况。

在当前绿色建筑设计过程之中，设计的成果保存在不同的文件当中，绿色建筑各专业人员难以将信息完备的、有效的提取使用，具体表现在设计阶段结果的共享与交流。另外，分析结果与二维技术基础模型也难以建立关联，分析结果只能对专项的目标进行验证，如方案的采光分析结果得出后，未满足《标准》中的采光要求，只能修改CAD后再次进行分析知道满足标准。而对风热环境分析过后对建筑空间的调整势必会带来采光分析的再次进行，如此的情况正是当前二维技术难以解决的瓶颈问题，也是绿色建筑设计周期相比传统建筑更漫长，完成绿色建筑项目的周期为一般项目的 1.8 到 3 倍，不符合绿色建筑理念。

当前主动式技术是绿色建筑实现的主导力量，大量《标准》的指标可以通过主动式技术达成，建筑师往往在满足能耗要求的情况下利用先进技术来营造良好的环境，却带来了经济的大量浪费，造价升高，使得绿色建筑难以在一般项目中普及。

2. 循环反馈的设计模式

（1）传统线性设计流程

基于设计流程的角度，当前二维设计方法的本质特征是设计流程的线性化。系统内的各部分具有专业化和专门化的特点，即线性系统的各个组成部分只行使特定的功能。这种模式时间节点作用强，阶段性的成果难以构成项目周期的循环体系，部分环节的设计要点多次修改，并且受多方影响，流程的任一环节出现严重问题，都会使线性化的流程面临重新开始的命运。当前的设计模式是以不同专业按照工作性质的不同划分各个子环节，其中以建筑为龙头，相关专业进行配合与辅助。这种阶段性强，按时间序列的常规设计流程在过程组织、任务分配上满足了一定时期的建筑业发展。然而多年的实践也出现了难以解决的问题，在初步及施工图设计阶段各专业因交接整合图纸需要大量反复的修改、校正，成为了设计阶段既耗费时间又必不可少的一环。在集成化要求的今天，各种新的建筑设计制约要素更增添了这一环节的复杂性，并难以攻克。

（2）绿色建筑设计过程的循环与反馈

当前绿色建筑的设计过程依托于传统设计线性的组织流程，各个环节绿色分析成果回馈与建筑师，建筑师处理单一问题便回馈设计方案，其过程重复多次造成了科学性与时效亦落后。另一方面，在绿色建筑的概念及方案环节，绿色建筑工作人员由于实践活动的属性不能确定建筑相关技艺的全部信息，只考虑空间布局等被动式设计要点，而主动式技术的构思与规划将在后续的工作中统筹调节绿色建筑的设计问题，避免建筑技术的制定与设计方案冲突，而传统的工作方式仅在绿色设计的开始尚高效进行，在众多设计要点与技术要点的修正下将阻碍绿色建筑的实践工作，这种按时间线性顺序的设计流程无法充分支持每个分离的设计阶段以得到最佳的绿色设计成果。

绿色建筑设计由于需要多个环节的自评估与检查，形成了这种循环反馈的前进方式，是相比传统设计流程最大的不同。为了提升工作效率，设计流程当中这些循环与反馈的要点往往在一阶段的方案结束之后相继开工，保证了与设计流程的同步性。其次，设计循环的划分不是以方案深入程度或工作进度进行划分，更看重的是对于《标准》控制要点的划分。设计过程是点对点的影响关系，建筑师需要协同配合完成成果的传递与交接，并且阶段成果与之后的设计循环节点具有紧密的联系。

四、施工与运营技术需求及BIM应用策略

（一）施工与运营阶段的要点分析

1. 落实绿色设计内容

（1）绿色设计要点的达成当前绿色理念已基本深入新建建筑设计的工作当中，绿色建筑设计标识实现之后，确保建筑竣工后甚至在投入使用中仍然能准确地落实设计成果的内容是绿色建筑运营评估的必经之路。绿色建筑运营标识的评定需要在建筑竣工投入使用后一年进行，在设计阶段即使达到标识的条目在运营标识重新考评，并且对设计成果与竣工实体之间的差异仍有具体控制要求，其节水、节材、节能、节地及室内环境考评将以竣工建筑为基准不再以文件为准则，是绿色建筑告别“纸上谈兵”的保障。

（2）精确计算工程量绿色建筑设计成果确定之后，施工方在此基础上制定施工计划，包括工程量清单及造价、施工场地规划、施工设施准备等。由于专业背景及工作方式限制，绿色建筑师在设计阶段对这些内容不会做出策划，需要后续工作人员承接此环节。绿色建筑设计的实施表达相比传统建筑，不仅要求安全、

适用、美观，对于建筑构造、绿色建材总量及节约比均有较高要求，确保在竣工后仍符合设计意图，即使对可再生资源的利用，也需要控制在合理的范围内，并且绿色建筑不代表高造价，控制建筑成本及绿色增量成本同样重要。

2. 满足绿色施工要求

（1）避免建造活动对外界干扰

传统建造施工过程对场地周边环境干扰严重，而在新建的建筑项目中此问题更为严重。前期整合土地，土方开挖，建造取水，永久和临时设施的建设，现状的废物处理将干扰现状的生态资源、地形、地下水位；并且场地的其他生态要素都将受到影响，如植被、生物圈等。基于此情况，绿色建筑的建造过程虽然避免不了对生态资源的开发，但是需要通过一定措施降低对周边环境的破坏，如设置绿色施工屏障，维持地方文脉具有重要的意义。

施工责任方是绿色建筑活动的主体，其工作重点应在传统施工掌握现状环境、交通、旧建筑特征的基础上，更应结合业主、绿色设计者对绿色建筑的要求以确定建筑施工方案与施工场地的规划方案，并通过有效的管理组织方式落实这些内容，力求达到《标准》对绿色施工的控制要点。

（2）加强施工适应气候

绿色建筑施工并不意味着施工成本的增加，通过利用气候条件来节省自然资源和能源的消耗量，是避免施工成本激增的主要方式，体现在：施工设施的选择、施工方法、施工的进行时序以及施工场地的规划等都受限于气候条件。对此的施工方案应建立在掌握并分析场地气候数据与生态特征的基础上，内容包括：当地雨雪状况、气温状况、相对湿度、风气候特点等资料。另一方面，适应气候的施工方式可以有效规避不必要的潜在危险，南方地区夏季湿润，对于施工设备的选择有较大影响；北方地区虽干旱，冬季严寒不利于施工进行。

（3）节约施工资源消耗

近年来，建筑项目呈现规模变大、施工复杂的趋势。施工中对材料、水资源、人力、造价的需要也与日俱增。可见，施工当中引入绿色理念及硬性评估时十分必要的。具体的施工节约资源包括两方面内容：一是绿色设计本身使用可再生资源，控制资源的设计需求量。二是建造过程配备的供施工消耗的资源，对这一环节的控制即使绿色建筑的重点也是绿色施工的难点。笔者总结今年来绿色施工案例并将主要做法归纳如下：利用雨水与工业废水等措施缓解施工需求的用水量与用水成本；通过启用绿色施工设备可减少单位时间内同工作量的耗电量；在施工材料的选取中同样适用可再生材料，加大资源的利用效率。

3. 实现绿色运营管理

绿色建筑的运营阶段是集中体现“四节一环保”在实践中的成果，处理好适用者、绿色建筑与环境之间的关系已不再是设计阶段的构想与方案，需要综合考虑人的行为与舒适、宜人、安全的活动环境，对此，《标准》对此方面的关注主要在运营管理的指标体系中，并且此部分的比例随着标准的修订逐渐增大。根据建筑运行管理的原则和 2005 年建筑部引发的绿色建筑技术导则中提到的绿色建筑运行管理的技术要点，其实现途径分为合理确定室内环境参数、建筑设备运行管理、建筑门窗管理三项要点。

（1）室内环境参数管理

控制室内温度、湿度和风速：室内的温度、湿度通过影响人体舒适度、热平衡等人的感觉，以间接的形式去控制人对能耗的使用，如空调系统、供暖系统等。通常在高温高湿的情况下，人体散热困难，所以根据室内相对湿度标准，在国家《室内空气质量标准》的基础上做了适度调整，采暖期一般应保持在 30% 以上，制冷器应控制在 70% 以下。室内风速对人体的舒适度影响很大，《室内空气质量标准》规定室内风速在采暖期 0.2m/s 以下，制冷期 0.3m/s 以下。

控制新风量：新风量是给房间注入新的空气，是室内空气清洁的衡量标准。但新风量取得过多将增加新风能耗量。所以新风量应该根据室内允许二氧化碳浓度和根据季节季候及时间的变化以及空气的污染情况，来衡定新风情况以保证室内空气质量。一般根据气候的分区的不同，在夏热冬冷地区主要考虑的是通风问题，换气次数控制在 0.5 次 /h，在夏热冬冷地区则控制在 0.3 次 /h，寒冷地区和严寒地区则应控制在 0.2 次 /h。通常新风量的控制是智能控制，根据建筑的类型、用途、室内外环境参数等进行动态控制。

控制室内污染物：控制室内污染物的具体措施有：采用回风的空调室内应严格禁烟；采用污染物散发量小或者无污染的绿色建筑装饰材料、家具、设备等；养成良好的个人卫生习惯；定期清洁系统设备，及时清洗或者更换过滤器等；对接入室内前的室外空气进行过滤净化，按绿色标准要求确定允许进入建筑内的气体，常见措施在绿色建筑外设置过滤屏障，或者在新风进入环境进行强制的送风与引风。

（2）建筑设备绿色运行

设备运行管理的基础资料掌握有关建筑设备基础信息是以控制设备运行来解决绿色建筑节能与减排的关键环节，设备的基础信息基本可以描述其在运营当中的状况，设备的基础资料包括：设备的原始档案与设备的系统资料。前者包含了建筑设备的技术参数、能耗情况，后者包含了建筑设备构成系统的实际情况。

合理匹配设备是建筑节能关键。在设计阶段，建筑设备的功率与参数已经会有抽象的确定，但是结果不精确并且运营中有较大的误差，需要在运营中结合实际情况调配各个设备间的组合应用，通过设备配合运作的形式去避免单一设备超负荷运行的高能耗问题。

更新落后设备，建筑设备是有寿命的，并且设备的寿命相比建筑本体更短，其技术与性能逐渐退化，是造成旧设备能耗增加、排放过高、不符合起初运行参数与设计意图的重要原因。因此，绿色建筑虽强调资源的循环利用，但是针对损坏或衰退的设备应及时更换。

（3）建筑门窗管理

通过门窗控制室内的热量、采光等问题。太阳通过窗口进入室内的阳光一方面增加进入室内的太阳辐射，争取自然光照是绿色设计的重要内容也是绿色理念的重要构成，而通过控制门窗的运营状况是使用阶段的手段，除涉及光环境评估外也影响射夏季空调系统运行、冬季冬暖系统运行等。

通过门窗有目的地控制自然通风，绿色建筑被动式设计中自然通风是实现室内空气达标与热舒适度的重要调节手段，而在运营中如何实现自然通风，最主要是门窗的开与关，门窗的开关计划在以往建筑项目中不是工作者的关注范围，因为其结果受的习性等众多不可控因素制约，而绿色建筑的运营中必须建立一套完整的运营计划，计划中对于门窗的有效管理便是绿色建筑在运营评估中实现达标的手段。

（二）施工与运营阶段的信息化技术需求

从上述分析中可以归纳出运营标识阶段的绿色建筑要点包括两个方面：一是绿色设计成果中有关项目的全部设计信息在施工中的实施并在运营中的实现；二是施工与运营管理活动这一行为本身符合《标准》的要求。

1. 绿建项目管理各参与方信息共享

绿色建筑运营标识阶段的组织管理方主要包括：施工方、监理、业主、设计单位、物业及绿色评估人员，其他相关人员由于参与程度过低，不纳入重点管理组织。

（1）传统项目信息的共享模式

在当前的组织管理模式中进行绿色运营，设计阶段的信息主要服务于设计工作者，项目信息基本传递到施工阶段就需要重新搭建新的模式以满足不同管理者的需求，造成建筑信息化的极度落后。另外，当前的多专业配合管理着重针对某一环节问题，难以在大范围内进行有效协同，并且专业的信息语言不尽相同，造成运营标识申请阶段不同专业之间难以流畅地进行信息共享，由此不能完全发挥信息的使用价值。

（2）难以支持绿色建筑信息的有效传递

因为绿色建筑建造过程相比传统建筑更加严格，而传统模式时间节点性强，造成各专业在切入项目的进程中难以直观地交流和协作，因此当一个阶段工作结束，下一个阶段工作开始时，就会有新的参与方介入到建设项目中。绿色建筑建立在这样的模式下进行项目管理，必然会造成信息在过渡与工作衔接环节的流失，降低了绿色施工及运营中的基础信息效率。

（3）管理沟通方式落后

从另一个角度看，当前基于2D的信息交流方式增加了项目管理的成本与浪费，同时，图纸传递所表达的信息较为片面，难以描述适合各专业共同交流的信息，忽视三维立体信息与可视化对于绿色建筑非专业人员的重要性，使得绿色建筑在施工及运营阶段的管理模式多为点与点的协作，难以整体推进项目协同管理的模式。绿色施工导则的控制要点多为跨专业的共同努力成果，以不是两方配合工作可以完成的，在当前技术模式下进行以绿色评估为导向的管理工作，技术瓶颈问题有待解决。

2. 绿色施工方案检查与演示

（1）图纸表达的局限性

当前施工方获得的设计阶段成果仍是施工图形式，传统的施工图是建筑、结构、设备各专业进行绘制，然后汇总进行修改与校正，在一段历史时期满足了当时生产力的需求。然而，CAD等二维制图软件，描述的是施工重点信息而非全部信息，如关键部分剖面详图、节点详图，现代化的今天，建筑不仅局限与简洁的体量与形式，越来越多的复杂工程应运而生，施工图、二维图纸难以在复杂形式中占有优势，施工图绘制工作量巨大。

（2）绿色建筑对工程量计算与管线布置要求更精确

建筑施工前对物料的采购一般会超出设计所需工程量，以免误差或损坏造成的重复采购，而过多物料剩余不符合绿色建筑的理念与评估，处于这种状况，建筑辅助技术需要帮助项目进行具体量化。另外，绿色建筑多采用低能耗高效率的设备系统，在许多工程中管线与建筑的对接问题屡见不鲜，往往造成管线在建筑施工以及开始时逼不得已进入绕行与避让，既不美观又浪费资源，不符合绿色建筑的发展理念。绿色建筑设计成果往往在自评估阶段很多环节出于综合考虑采用与评价标准打“擦边球”的手法，刚好使空间满足相应标准，而施工中不可避免的误差会使其难以达标。

（3）绿色施工容错性差

从项目进程上看，绿色施工作为绿色建筑全生命周期中唯一不可逆阶段，相关绿色评估容错率最低，其他阶段可以在不满足评估时进行调整修改甚至从头开始，具有较高的容错率，而项目施工一旦开始，已有物质形态难以进行重新编辑，即使调整与局部返工也带来大量的经济损失。

按照施工单位的传统组织构架，单位内部大概分为工程管理部、合约管理部、经营部、设计管理部、物料采购部及信息管理部。各部门独立运作，协同作业只发生在各阶段交接过程中，并多采用抽象的二维图纸文档及表格，从而导致信息沟通不畅，影响工作效率。而对已完成工作的准确度的检查很大程度依赖于总工、总监等人员的个人能力，工作方式纠错性差。

另外，运营标识的评估时间为绿色建筑竣工后的一年，绿色运营与维护工作已经开展，作为落实“四节一环保”最重要的环节，评估内容不但是建筑本身，而建造活动、设备运行等发生即不可逆的行为同样作为评估的要点，此阶段绿色建筑同样不具有容错性。通过科学的管理组织模式可以解决施工与运营中容错性低的问题，但是当前的信息管理方式需要在管理初期进行大量的人工操作，并且信息关联性差，其输入与编辑受绿色建筑专业与非专业人的共同管理，难以避免错误。

3. 检测绿色建筑运营信息

运营标识的评估为使用后一年，一年中不同季节的能耗与用水、物理环境等要素作为评估的主要内容，而缺乏科学有效的运营计划是失去运营标识的重要原因。自评估报告作为申请绿色运营标识的主要内容，包括自评估建议表、第三方材料证明等。其中第三方材料是绿色评估争议所在，一方面，第三方若为项目参与方或利益相关方，其提供的资料不具有权威性，并可能又绿色建筑非专业人员参与，如物业人员。而另一方面，当前第三方材料证明由评估部门进行，虽然保证了评估的公平，但是作为四季不同时间抽样调查的方式不具有科学性，个别的时间段受多方面因素制约。评估的内容包括暖通系统、空调系统、水利用系统等多项要点，传统人工记录抽样调查的方式工作量大，耗时并繁杂。

当前的运营管理缺乏计划性与对影响绿色运营隐患的准备，管理模式多是被动接受的局面，虽能满足建筑安全运营的基本目标，但是在绿色建筑层面，这是不够的。一个绿色项目涉及供暖、通风、给排水系统，消防、运输通讯、监控系统等大量的系统需要管理和维护，这里包含了大量的管道和管线，如果没有及时地进行绿色运营计划将使前期绿色工作白费，这造成的不仅仅是经济上的损失。

（三）BIM 辅助管理总体应用策略

BIM 在设计阶段发挥辅助设计的职能，对绿色建筑的设计有极大的支持，而在申请运营标识阶段，BIM 成为项目各参与方的协助管理工具，为满足《标准》的各项要求，项目参与人员依托 BIM 数据库提取或制定相关的信息，以便落实绿色建筑在此阶段的工作。绿色建筑申请运营标识阶段的参与方主要包括：施工单位、物业单位、项目运营方、项目使用者。

1. 完善 BIM 信息管理“族”库

运营标识的实现与评估过程将需要完备的信息基础。而 BIM 以仿真可视化的平台继承了绿色建筑所包括的工程图纸、竣工图纸和信息文件，通过该模型，运营单位或物业单位可以解读绿色设计阶段的信息，以便以整体思维进行管理，落实了 BIM 技术可将信息完全传递的模式，解决了传统信息缺失与工作交接时的技术瓶颈。BIM 在辅助管理的过程中，其记载的信息主要包括三方面，设计阶段的基础信息、绿色施工所编辑的信息和投入使用后编辑的信息，可以总结为以下内容：

（1）基础信息

绿色设计阶段，BIM 模型已符合施工图深度的要求，是施工与运营管理的基础对象，也是基于 BIM 绿色施工与绿色运营的实现基础。而在此阶段，项目管理者对基础信息的建造时序进行计划并虚拟现实。

（2）实现信息的连接

信息得以连接是协同管理与虚拟现实的内在要求，实现链接信息包括实体信息如构件、结构体系等，也包括抽象信息，如内部材质、构造层次等。这些信息的连接可以达到即时提取、修改、关联，是集中提升绿色建筑工作效率，提升绿色管理执行力的重要保障。

（3）拓展信息

基础信息是绿色建筑在计算机或图纸上的虚拟存在，而其随着施工与运营的进展，绿色建筑融入了更多类型以及更多内容的信息，并且随着施工沉降、施工误差等不可避免因素的发生，需要回馈并修正基础信息。而拓展信息，多为辅助管理的抽象信息，解决了当前建筑辅助信息类型繁杂难以统一管理的问题。另外，后期输入的拓展信息可以为绿色建筑制定运营计划、提升建筑使用性能。

2. 各责任方协同管理

分析BIM设计和施工模型应对可能需要的绿色问题是施工前期的首要问题，对于设计模型，监理方、施工方、设计单位、业主及相关部分在可视化的模型中，提取所需信息进行协同管理。结合设计阶段的定量分析成果制定不同的管理方案。改变传统图纸传递管理信息模式，而通过四维的演示来进行辅助绿色施工。

基于竣工模型的管理使用建造完成之后，其BIM模型经过与施工过程造成的误差进行调整，确保了投入使用后的BIM模型与实体运营建筑物信息完整匹配。另一方面，对于绿色建筑的进程而言从施工环节跨入运营管理环节，调整后的竣工模型传递给绿色建筑物业管理部门，即使BIM所包含的信息繁多，但是以可视化的界面使得物业方可以直观地了解绿色建筑在运营前的状况，并合理进行绿色运营计划的制定。

BIM运营模型融入了建筑在运营中的使用信息，包括一年四季中设备能耗，室内环境参数等信息，为运营标识的达成提供自评估的平台，以单一模型综合不同专业的信息，可以解决信息割裂的状况，使绿色建筑运营计划得以验证与修改。

（四）碰撞检查绿色施工基础模型

1.BIM 平台下的施工碰撞检查

所谓的碰撞检查是针对设计阶段传递与施工方的内容中进行各个构件与环节的碰撞点检查，原是施工前期针对设计文件中可能存在的错误，是否可经过人为的调整进行优化，而通过 BIM 平台，BIM 模型代替二维文件，并且工作方式大一转变，碰撞检查这一环节被放大，以便修正设计中对绿色建筑的工作。

BIM 的碰撞用途分硬碰撞和软碰撞两种，其中硬碰撞是指实体与实体之间交叉碰撞模拟，软碰撞是指实体间实际并没有碰撞，但间距或空间无法满足相关绿色要求。BIM 碰撞检查对于绿色建筑的意义在于：第一，能够有效整合设计阶段的信息，避免构件存在碰撞点等硬性错误在施工阶段发生。第二，在 BIM 可视化的平台下，结合绿色分析结果，对于施工图的校正可以查找在管线、设备综合后的空间使用情况，是否存在不满足绿色标准的空间尺度变化。

2.BIM 模型碰撞方法

基于 BIM 的绿色建筑碰撞方法是指利用 NAVISWORK 和核心建模软件的 BIM 模型，建筑师或施工方通过结合《标准》各指标并设定碰撞原则，即参数，计算机自动查找出 BIM 中的碰撞点，绿色建筑相关人员只需提供施工图深度的 BIM 模型即可获得需要的碰撞检查报告。但是基于 BIM 的模型碰撞是以 BIM 中的几何信息进行考察，如果单一构件内部的构造层次有冲突，需二次碰撞检查。总体上划分绿色建筑的 BIM 碰撞法可分为：第一，绿色建筑、结构、MEP 模型提交；第二，基于 NAVISWORK 整合各专业模型并制定碰撞检查原则；第三，NAVISWORK 自动化分析并生成碰撞报告；第四，绿色建筑专家核对并查找相关图纸。

3. 参数检测与核算

基于 BIM 碰撞检查后的模型对工程量统计功能进行了初步划分：BIM 数据库中可进行梁、板、柱、墙进行分类计算。依托 BIM 技术工程量计算方法是对建筑全部构件进行统一算量，BIM 的自动化计量方式有利于绿色施工方的物料清单合算工作，即提升了算量效率又比传统计量方式更精确，绿色建材等资源可以得到节省。

BIM模型碰撞的基础是对结构、管线与桥架进行走向优化、标高调整以及碰撞检查。引入建筑信息模型的概念，绿色设计师可以通过功能强大的BIM软件在计算机中搭建与实际工程1∶1的建筑模型，并且通过各专业协同功能可以让不同专业的设计师更全面地获取相关专业的信息，更完整地获取其他设计师的设计意图。由于建筑信息模型的使用，可以充分避免传统二维设计中不同设计师间信息传递的缺失与误解，从而在设计中解决了许多以前只有在工地施工中才能碰到的问题，极大地提高了设计与施工的质量。

（五）通过竣工模型实现绿色运营

1.. 基于BIM竣工模型制定绿色运营计划

BIM技术为绿色建筑的运营阶段辅助是BIM应用重要的推动力和工作目标。它的应用完全符合建筑精益运营管理的思想，相比非BIM项目，建筑物更容易达到绿色、高效的要求。BIM在运营管理的作用最直观的是进行绿色运营计划，包括以下几个方面：（1）针对不同要点的绿色设计、如人热舒适度模拟、应急模拟等，虚拟其在运营中的状况，并对设计进行回馈；（2）物业人员基于BIM，制定绿色运营方案，并通过4D模拟与实践中的状况调整绿色运营方案，以达到运营标识的控制要点。

2. 通过BIM进行设备管理

运营中，物业及业主应用BIM技术需具备三个基本要素：竣工的BIM模型，BIM数据库，更新平台与接口。BIM竣工模型来源于设计和施工建模。BIM数据库用于储存设备相关的数据信息，包括基本信息、技术参数等。更新平台与接口主要用于连接BIM模型中的不同数据类型，保证BIM模型与现实管理的对象保持一致，数据即使更新。这是那个要素是相互关联的，缺一不可，连接在一起就构成了基于BIM的建筑设备管理，在绿色建筑的运营中可以实现如下功能：（1）

通过可视化的模型，实现对物业管理对象设备基本信息的有效管理传统的运营管理，设备信息以文本、图片或者文档等多种形式存在于不同的地方，这些信息是凌乱的，在 BIM 设备管理系统中信息是关联的并便于获取。通过可视化的 BIM 模型来进行管理，避免了传统管理需要进行二维与三维直接的思维转换，而 BIM 本身就是三维的，与现实建筑是相匹配的，省略了这个思维过程。（2）根据绿色要求调整设备运行状况传统的物业管理模式会对所管理的设备进行日照巡检维护，或者定期修检维护，但是这种方式是松散的，不具备科学性，不能在设备出现高能耗前进行避免，BIM 技术可通过与 ARCHIBUS 的接口可将设备的运行参数信息直接反应在模型上，根据设备的运行参数指标来调整为符合绿色标准的运营方案，安排设备运转时间表，并进行自动提醒。（3）为运营标识评估提供第三方凭证 BIM 设备维护管理系统有了一定信息数据之后，就可以进行统计分析工作。例如统计每种设备的数量，不同设备的功率和参数，并合算为空调送风量、能耗等间接信息。同样，也可记录室内温度、湿度等直接信息。最终生成运营管理的相关材料，即自评估文件作为第三方凭证，绿色建筑评价标准的修订版已将 BIM 技术纳入创新项的奖励加分，其中 BIM 技术文件可作为自评估文件中的第三方凭证。

3. 利用 BIM 维护绿色建筑及拆除

BIM 的竣工模型不但可以作为运营管理的基础模型，其信息的完整保留可以基于此制定建筑的维护与改造等活动，与传统 CAD 文件相比，BIM 的族库保护建筑的多方信息可作为改造的信息源，而运营中记录的设备信息及建筑使用状况可作为建筑维护或改造的重要参考。无论对于建筑整体的改造、设备的更新或局部构件的修缮，都可以在 BIM 竣工模型中找到可对应的部位，基于此可进行改造方案的设计与编辑。

对于绿色建筑来说，拆除阶段同样重要，绿色建筑在建造中使用的可循环资源可进行回收二次利用，提高资源的使用效率，依托 BIM 可将可循环资源准确算量与所在部位进行确定，并且制定拆除计划以减少拆除过程的污染与浪费。

BIM在施工与运营阶段发挥着辅助管理的职能，在设计阶段搭建的“族”库的基础上，编辑4D甚至更多的信息，以满足绿色建筑进行工作，并解决传统技术需求问题，针对分析所得的核心问题，提出施工模型碰撞检查、虚拟建造、运营管理与维护来实习绿色理念在此阶段的发挥，并通过上海中心的BIM施工与运营这一案例进行深入讨论。BIM技术依托其可视化的3D调节，对设计成果进行校正，对潜在冲突部位导出分析报告。通过4D模拟技术制定运营管理计划，记录设备的使用情况、应急模拟等，以进一步实现绿色运营标识，并通过案例实践研究给予论证。

五、绿色建筑概述

（一）绿色建筑主要影响因素

1. 资源因素

（1）水资源与土地资源

建筑消耗了大量的水资源：我国虽然在世界上的水资源总量居第六位，每年为28000亿立方米，然而，个人占水量仅是世界人均占水量的1/4，即2250立方米。其中建筑的用水量是则约占水资源总量的50%，耗水巨大，尤其是在建设和改造、使用过程中。绿色理念在水的供排方面上则是从综合利用水资源的角度来进行考量，不但应考虑建筑内部的供水、排水系统，还应当为水的来源和利用方式，由于现今水资源的匮乏，因而水资源则成为绿色建筑体系建设中的瓶颈问题。

目前，“建设资源节约型社会”已经成为我国经济和社会发展的指导思想。土地作为建筑的载体，其建筑设计的合理性直接影响到土地的高效开发使用。在土地使用方面，前几年，城市和农村建设用地持续扩张，土地粗放随处可见，已经得到业界的重视。绿色设计就是通过多种手段的节地策略，在创造丰富多样、富有层次的建筑空间的同时，提高土地利用价值，可通过创建地下空间，增加屋顶活动空间等手段。

（2）能源因素

现今，能源已成为现代建筑设计中过为重视和依赖的方面。对于大量运用照明和空调的建筑，能源对其就相当于是血液动力，而导致世界能源紧俏的主要原因则归咎于那些高耗、低效的建筑，并且致使大气受到严重污染。据资料显示，建筑的建设和使用过程可消耗约全球能量的 50%。为了使建筑耗能降低，绿色建筑对现在的设计观点和方法进行修整，通过节能技术，以及开发新能源，使建筑自身达到能源的自给自足，从而减少不可再生资源的损耗。高效的能源利用方式，如通过对风能、太阳能等干净的可再生能源的利用，减小建筑对燃料的依赖，同时可降低对煤、石油这些无法再生资源的损耗，因此便降低温室气体的产生量。

（3）材料因素

建筑工程所需建筑材料占成本数量的 2/3，并且从数量上看，约有 76 个大类，1800 多个品种，2500 多个规格，因此材料的运用很大程度上影响着建筑所达到的“绿色”程度。绿色建筑材料与生态环境相辅相成，并且其具备三大特性：先进性、环境协调性、舒适性。同时，在工艺技术性能、环境性能和人体健康等方面上，绿色材料要满足其基本需求。

2. 气候因素

我国建筑气候区域可划分为寒冷地区、夏热冬冷地区、夏热冬暖地区以及温和地区这四大类：

（1）严寒及寒冷地区

从气候类型和建筑基本要求方面，严寒及寒冷地区的设计要求和设计手法基本相同。除满足传统建筑的一般要求，以及《绿色建筑技术导则》和《绿色建筑评价标准》的要求外，尚应注意结合该地区的气候特点、自然资源条件进行设计，具体设计时，应结合气候条件来对建筑布局进行合理布置，同时要充分利用太阳能，最大限度地获得太阳辐射，以日照要求为基础确定建筑间距，注重冬季防风，适当兼顾夏季通风。将体型系数控制在较低水平以节约能耗，平面布局与形状宜紧凑。在维护结构方面应注重保温节能设计，在材料的选择和形式的创造上，应防潮防水，避免热桥，以及冷风的渗透，适当缩小门窗洞口面积等。

（2）夏热冬冷地区

这一地区人们的传统生活习惯则是在过渡季节与夏季开窗，进行自然通风，冬季主要采用太阳能被动采暖。由于夏热冬冷地区的气候特征，室内舒适度能够基本满足人们生活要求。夏热冬冷地区的建筑形成了“朝阳—遮阳”“通风—避风”的特点。可以在通过自然通风、遮阳、引入阳光等方法满足舒适度的情况下，减少启用空调和采暖系统。同时对于建筑的功能、室内热环境的要求不同，对主动式改善室内热环境设备的运行、管理需求差异也是很大的。

（3）夏热冬暖地区

夏热冬暖地区建筑有显著的高温高湿气候特征，绿色建筑设计时，需要体现一种适应地域气候特点和保护自然环境的谦恭态度。气候和地域条件原本就是影响建筑设计的重要因素，绿色设计可通过加强遮阳与通风，并提高空调能源利用效率来应对高热气候，使用被动技术与主动技术相结合的思路。

（4）温和地区

温和地区太阳辐射全年总量大、夏季强、冬季足。自然通风科作为该地区建筑夏季降温的主要手段。而根据冬夏两季的太阳辐射特点，温和地区夏季防止建筑物获得过多的太阳辐射最直接的方法是设置遮阳；冬季则相反，需要为建筑物争取更多阳光，应充分利用阳光进行自然采暖或者太阳能采暖加以辅助。基于太阳辐射资源丰富的条件，低能耗、生态性强且与太阳能结合是温和地区绿色设计的最大特点。

3. 环境因素

绿色建筑所指的环境概念，包括人的行为对环境的要求以及建筑对环境的负荷。前者，建筑对环境的负荷是人及建筑在从建造、使用到废弃阶段对环境的污染，这一部分虽然不可完全避免，但是我们可以通过恰当的设计方法、绿色技术来将污染最小化，从而满足绿色理念的应用标准。而后者在设计当中以室内外舒适度为准则，其中包括：声环境、光环境、热环境以及空气质量，绿色设计对些要素的控制可为重中之重。它是决定绿色建筑是否宜人的最主要标志，成功的绿色设计既有资源与能源的低消耗，同时也给人创造舒适的物理环境供人活动。具体影响如下：

（1）光环境

光照一直是建筑设计的重要考虑因素，良好的自然光照受限于建筑群落的规划和内部空间的组织，其涉及范围甚至影响建筑节能、建筑结构形式的诸多问题。阳光给室内带来热能与亮度，光照不足的空间需适当人工灯光，而这种做法需要使用能源，通常只在夜间使用或配合自然光照，绿色建筑需尽可能地提升自然光照的使用率。

（2）热环境

对人体冷热感觉具有一定影响的环境因素则称之为热环境，主要包括室内外的温度和湿度，室内空气流动速度以及室内屋顶墙壁表面的平均辐射温度等。热环境可以靠空调采暖系统来创造和维持，但要付出巨大能耗为代价。绿色设计通过控制太阳辐射与有组织的自然通风等被动式设计手段，有效缓解由主动式热环境控制方法而带来的高能耗问题。

（3）声环境

理想的声环境需要的声音能高保真，而在某些场合不需要的声音则称之为噪声，其会对人的工作、学习和生活造成一定的干扰。绿色建筑研究声音质量的影响问题是现代声学最早发展的一个分支，随着城市化进程的加快，噪声已普遍存在于当今的生活中，其影响面非常广，几乎对所有居民的日常生活都具有不同程度的影响，为确保绿色建筑声环境质量，因此其主要通过对振动和噪声的控制来确保声环境的品质。噪声控制的基本目的是以此来创造一个良好的室内外声学环境。因此，建筑物内部或周围所有的声音的强度和特性都应与绿色建筑的要求相一致。

（二）绿色建筑的原则与设计方法

1. 绿色建筑的原则

通过将可持续理念注入建筑之中来达成绿色建筑的效果，这一举措将使得绿色建筑引领未来建筑发展的趋势走向，其中最核心的就是它的内在原则。从项目的选址、决策、概念、功能设计及技术确定等，到竣工后投入使用的运营、管理等，绿色建筑都强调环境与使用者的关系，以及与自然和谐共生的理念，贯穿建筑的整个使用周期。

（1）总体与环境优先

建筑可以与其周边的环境共同被看成是一个有机系统，其中建筑可视作一个开发体系，建筑设计要追求最佳环境效益。建筑的建设要与其所处的周边环境和谐共生，即保持当地文脉，保护历史文化与人文景观的连续性，并且在建筑风格上以及建筑规模上应与其周遭环境相和谐，同时也要顺应当地气候特征和生态环境，使其共融；避免对自然环境的造成一定的破坏，强调场地设计考虑地溶地貌，综合考虑地区的特殊性，以及周边绿色建材问题，从而彰显建筑的时代特征。

（2）资源节约与综合利用

绿色建筑要本着节能减材的态度，选择适宜的技术、物料，将建造所需物料进行归类并统筹安排，尽可能选用本地资源，尽量提升资源、能源以及原料的使用率，从而更为有效地使各种资源得到综合应用，延长建筑物的耐久性和整体使用寿命。

（3）舒适健康的环境

绿色建筑应合理考虑使用者的需求，使建筑具有一定的舒适性和实用性，达到人文关怀，增强用户与自然环境的沟通，室内外虽控制标准不同但是侧重方向具有关联性，是有机的整体。可通过营造较好的风环境、光环境、热环境、声环境以及视觉环境，同时对景观环境进行创造，来共同作用打造较舒适的建筑环境。

（4）关注建筑的全生命周期

将建筑在最初的方案设计，随后的施工、管护阶段，以及最后的拆除这一全过程描述为全生命周期。因此则要对其进行全面的考量，即不仅要对其所处的周边环境综合考虑，同时规避建造活动的污染，以期在运营使用中要力图创造一个舒适安心的空间，也要避免拆除后的污染影响，并尽可能地使其余留的材料可循环可利用。

2. 绿色建筑的设计方法

（1）强调因地制宜的设计方法

充分考虑建筑场地的环境条件，这使得文化和自然资源得以保留传承。在设阶段，对周围环境的甄选和保护是绿色建筑设计的主要内容，同时，还应重视对当地的历史和传统文化生活方式。因此，可运用被动的设计方法来解决建筑的能源问题和建筑的风环境，其主要对建筑形态具有一定的影响，涵盖建筑仿生的设计内容，如建筑的朝向、几何形状等。

（2）强调整体环境的设计方法

建筑设计过程是自规划开始，经由建筑、维修、保护、整治，直至更新所经历的各个阶段。建筑环境能使用多久的年限，则与建筑师的预见性具有一定的关联。通过将建筑的这一全过程进行整合，得出整体环境设计的概念，即从周边环境与资源为着眼点，结合经济情况选择可用的技术手段和建筑材料，从而共同构建一个基于建筑全生命周期上的绿色建筑体系。

（3）建筑的全生命周期设计方法

这一设计方法不再是局限于对三维空间的制作，而更多的是关注建筑能源、风环境、光环境以及其影响，因此这样一来，对于计算机软件的模拟与计算则具有较高的硬性要求，并且相较于原始方法则具有一定的难度。因此，这些方面的技术在当下看来仍然需要更为深入的开发，从而使其更加便捷与实用。

（4）加强绿化的设计方法

绿化可以创造空间、美化环境、营造良好的生活氛围。在绿色建筑中，可以通过景观铺地的做法，来营造较为舒适、凉快的生活环境，一方面是由于绿色植物的光合作用，使得水分蒸发，吸收一定的热量；同时，高大乔木所形成的树荫，则避免了太阳光的直射，使其阴影区域的温度相对较低，较为凉爽；并且景观绿化还可以起到净化空气的作用，增加含氧量。并且立体绿化主要为以下几方面，即墙面绿化、堡坎绿化以及屋顶绿化，通过这些手段可保证室内温度的稳定性。

（三）评价标准的解析与生命周期控制要点

1. 概念定义

《绿色建筑评价标准》以下简称《标准》，适用于住宅建筑和公共建筑，并且是以建筑群或建筑单体为对象来评价其是否是绿色建筑。其中对于设计室外环境相关评价指标的单栋建筑来说，则应以此栋建筑与环境相结合的评价结果为准。并且在申请绿色建筑时，要对建筑的全生命周期所用到的技术和经济费用进行分析，从而来较为合理准确地对建筑规模进行判定，同时对建筑技术、设备和材料要进行适宜的选择，总结出相应分析报告并提交，申请评价方应按本标准的有关要求，对建筑设计的各个阶段进行严格把关与控制，最终上交相关文本。

2. 评价内容

绿色建筑评价指标体系主要由节地与室外环境，节能与能源利用，节水与水资源利用，节材与材料资源利用，室内环境质量和运营管理从不同方面进行控制。这六大类指标均涵盖以下三点，即控制项、一般项和优先项。其中控制项在绿色建筑中是不可缺少的；而一般项和优选项则在绿色建筑的评选中可视为选择性的评判条件；同时，优选项在绿色建筑的评价中则对其要求最为严苛，也是综合性和难度较大的选择性评判条件。

第二节　BIM 技术在建筑施工过程中的缺点

近些年国外开展建筑业BIM研究较多，国内由于自身经济技术条件的局限性，BIM 的研究开展较晚，且研究主要是专注于对 BIM 的概念性介绍和引进，没有实质性的BIM 技术研究及应用推广。国内 BIM 技术的发展尚处在婴儿学步阶段，短时间内无法达到国外 BIM 技术在建筑行业等领域推广应用的水平，同时也正是这种缺少应用案例的问题存在导致相关 BIM 理论的发展遇到瓶颈。在本节，我们将就BIM 技术在建筑施工过程中应用的现状和存在的缺点进行详尽的介绍。

一、中国建筑业 BIM 发展现状分析

对 CAD 技术的发展历程进行总结时，指出计算机辅助设计的二维模式已经无法适应快速发展的建筑行业，而三维 CAD 技术也只能组建不具备建筑物属性参数的几何模型，这都阻碍了建筑行业技术的发展，因此有必要开展 BIM 技术的研究与应用。赖朝俊对 BIM 技术的优势和劣势进行了探讨，并指出了国内 BIM 技术引进和发展的瓶颈；第一对新鲜事物、新技术的排斥心理；第二企业引进 BIM 技术需增加设备成本、员工培训成本等；第三新软件的购买、升级带来的费用。

对国外 BIM 技术应用案例进行了分析，目标区域主要是 BIM 技术应用相对广泛的欧洲和北美等发达地区。主要对BIM 项目中的各个主体部分进行收益分析，从建筑产品的投资、设计、施工等多个方面入手，通过研究数据表明：在 BIM 技术应用的建筑设计过程中，甲方和设计方是主要的受益者，并且两者的收益比率大大超出其他几个参与主体。另外，BIM 技术带来的收益还波及建设承包单位、建筑材料供货单位、施工管理单位等几个主体，但是由于各个主体扮演角色的不

同，导致收益程度差距较大，这种收益不均的现象给BIM技术的应用推广带来新的难题。

详细讨论了BIM技术在中国市场发展情况，针对性地讨论了BIM技术在几个工程中的应用。认为虽然BIM技术开始在国内出现应用案例，但是应用领域、范围狭窄，主要集中在建筑行业，尚未达到国内行业普及的程度。并对造成这种现状的原因进行分析，认为原因主要有两个，一是建筑设计人员短时间内难以接受新技术，接受培训耗时较长；二是基于BIM技术开发的软件大多是国外厂家，对国内规范了解偏少，不能切实考虑国内工程的概况，导致这些国外软件在国内难以广泛应用。

通过上面描述可以发现，目前国内BIM技术的研究与推广只是停留在介绍和宣传阶段，对BIM的实际工程应用较少，几乎处在BIM技术应用的真空阶段。

二、中国建筑业BIM发展阻碍因素的识别

（一）信息化组织松散。就目前的总体状况而言，建筑行业当中的很多企业都没有为信息化的发展开设相对独立的管理模式，对于BIM的重要性的认识程度也不够。建筑行业的信息化建设没有配备相应的人才作为总协调人，简而言之，就是对于建筑业的信息化建设从整体上缺少强有力的引导和监督体系，也就导致了信息化建设的困难和管理环节的薄弱问题。

（二）信息孤立和信息断层的问题。信息技术作为信息化的核心模式，主要存在于建筑行业内部的工作运行当中，但是在企业之间的协同合作工作中离信息化管理的目标还很遥远，就是因为各企业之间往往使用不同的应用软件，应用软件使用的内部性就增加了相互之间信息交换和共享的难度。更严峻的一个挑战就是，从一个企业里调出来的信息无法在另一个企业的信息系统中显示，这就导致了所谓的“信息孤立”。所谓的“信息断层”严重影响了信息化的进程。

（三）信息化人才匮乏。由于BIM技术在我国还不够成熟，加上整个行业普遍对信息化不够重视，其自身对信息技术的需求又比较旺盛，使得建筑业信息化

人才供不应求。虽然信息化人才数量近几年来有所增加，但是与电信、石化等行业相比较起来，仍然存在较大的差距。在很多中小企业当中，甚至还没有专业的信息化职员。没有专业的技术人员，导致许多企业无法满足建筑工程对信息化技术的需求，也使得信息化建设速度的延缓，形成恶性循环。

（四）投入少导致信息化建设落后。中国的建筑业BIM发展与发达国家的水平相差甚远，就目前总体状况而言，我国的建筑企业的信息化存在着基础不牢固以及思想意识过于落后，在资金方面的投入不足以维持信息化建设的需要等问题。这就直接导致了信息化建设的基础过于薄弱，信息化的供给不足以支撑其应用的需求，严重阻碍了信息化建设的进一步发展和进步。另外一点弊端就是包括决策者在内的管理阶层对于信息化建设的认识不够深入，意识不够成熟，长期处于被动的地位，这也是我国建筑业BIM落后于发达国家的主要原因之一。现如今，随着建筑要求越来越高，施工难度不断加大，陈旧的管理理念和经营手段无法与市场需求衔接。鉴于这种情况，创新建筑业BIM发展战略和思路，以企业信息化建设作为发展的关键，是促进建筑企业发展进步的重要环节之一，同时也能为信息化建设储备足够的后备资源。但是，我国国内目前主要运用需求驱动的模式作为信息化建设的主要模式，换言之，也就是企业管理的模式过于陈旧，不适应时代发展需要，造成现代化程度较低的现象，最终使得信息化系统建设与其他系统分离，使资金在投入方面的分布不协调，不易形成统一的管理模式，对成本核算的步骤和流程造成不利影响。

三、促进中国建筑业BIM引进和应用的方案

（一）考虑BIM技术的需求

在我国的建筑市场中，只有一些大型的建筑项目会用到BIM技术，所以建筑业的BIM技术在中国的需求较小，外部动机不足，这无疑是阻碍中国建筑业BIM技术发展的最大障碍之一。在这一方面的对策，可以从建筑业BIM技术试用开始，在一些中型的建筑项目中要求进行建筑BIM技术的应用。然后，政府

部门可以介入，一方面加大BIM技术的应用，另一方面也可进行项目投资。

最后，可以在全国进行BIM技术竞争，对于建筑业BIM技术优胜者可进行奖励，以激励BIM技术在全国的应用。建筑业的BIM技术的生产效率高和资源浪费少等优越性已经被众多国家认可，成为建筑业发展的主流方向，欧美发达国家更是投入大量人力物力来推动建筑业BIM技术的研究和应用。但是，我国的建筑业BIM技术发展相比其他国家还处于发展初期，使用的建筑业BIM技术软件基本上都是从外国购买而来。购买而来的技术并不是基于我国建筑业的行业标准而编制，所以在使用上有很大的误差，而且操作也并不方便。因此，基于我国建筑业标准而开发建筑业BIM技术是需要完成的首要一步。在这一方面，需要软件开发商的积极参与操作，另外，高校等培训机构也应建立相应的研究方向，为建筑业BIM技术提供需要的技术人才资源。

（二）BIM标准和指南的规范化

标准和指南是一个行业的规范性和指导性的文件，一旦政府颁发正式的建筑业BIM技术，那么一方面说明政府有关部门对建筑业BIM技术应用的重视性以及对BIM技术的支持态度，另一方面，在建筑业BIM技术应用时，也可以做到有法可依，有理可据。在建筑业BIM技术的编写过程中，可以组织政府部门、建筑企业等参考我国建筑行业的特点和已经出台的一些建筑的规范来进行编写。将编写好的建筑业BIM技术标准指南发放到建筑单位，可以根据实际的建筑项目特点来进行BIM技术的改动。有了建筑业BIM技术的标准和指南之后，就可以更加明确地撰写建筑业BIM技术合同文本。

由于建筑业BIM技术在中国的发展还较为缓慢，目前关于中国建筑业BIM技术合同文本还没有成形。加之传统的建筑业工作模式与BIM技术有着很多不相同的地方，各个参与单位应该负责的内容和需要负担的责任也有很大的差别，所以建筑业BIM技术合同文本的编制是迫在眉睫的事情。只有将建筑业BIM技术的标准和指南出台，进而编写出标准的建筑业BIM技术合同文本，才能使得建筑业 BIM 技术在中国生根发芽，更好地为我国的建筑事业服务。

（三）加大建筑业 BIM 的研究投资

建筑业 BIM 技术对工作模式和工作内容以及参与工作的各个单位的责任和义务都有很大的改变，这就使得传统一些出力少、利益多的单位不满意新的 BIM 技术，给建筑业 BIM 技术的应用造成了很大的阻碍。但是，随着新技术的发展以及 BIM 技术在建筑业中应用所取得的成就，越来越多的建筑单位已经开始接受这种新技术，并且开始将这项技术应用到实际工程中。如此一来，越来越多的专家和技术人员的需求就会大大增加，出现供不应求的现象。

因此，在建筑业中，必然要增加人才方面的投资以吸引人才从事 BIM 技术的职业。此外，不仅需要增加人才的投资，在技术方面的投资也应加大投入。中国的建筑数量在世界各国的数量中是首屈一指的，如此开阔的市场正是适合建筑业 BIM 技术的发展。我国需要努力的就是通过与欧美国家等的交流与合作，加大投资，注重专家和技术人员的培养，相信建筑业 BIM 技术会更快更好地发挥其自身的优越性。

（四）建立基于建筑业 BIM 技术的施工流程

我国虽然已经对建筑业 BIM 技术进行了研究，但是基于 BIM 技术的施工操作流程并没有形成。在一些使用 BIM 技术的建筑项目中，由于没有 BIM 技术的施工流程，一些工作的先后顺序较为混乱，并没有完全发挥 BIM 技术的优越性。因此，政府部门和有关技术人员需要在结合国外经验的基础上，结合我国建筑业的实际情况特点制定适用于我国基本国情的施工操作流程。此外，关于 BIM 技术的数据交互性方面，我国也要开发通用的数据交换标准，以满足实际建筑工程的需要。总之，在建筑业 BIM 技术的发展方面，不是仅仅一个单位的努力就可以做到的，要政府部门、建筑企业、教育开发等各个单位相互努力，共同协作才能让建筑业 BIM 技术处于世界领先水平。

BIM 是推动现代建筑行业发展的新生力量，能够有效地减少建筑资源浪费、提高建筑行业的生产效率，但是BIM在国外应用较为普遍，在中国应用较少，因此国内有必要加快BIM技术产品的研究脚步。要想实现国内建筑行业BIM技术的应用与推广，必须从建筑行业的各个参与主体入手，加强政府部门、设计单位、施工单位等各个部门的协调工作。从技术层面提供科研经费支持，从操作层面提供BIM技术指导和培训，从法律法规层面加快BIM行业规范的建立。

四、BIM的发展趋势

近些年来，BIM在我国的应用和推广取得了一定的进展。一方面政府借助国际上BIM技术发展趋势，积极与国内工程业界合作进行工程项目导入BIM实作与研发，累积了很多宝贵的BIM技术实务经验，相继出台了政策性文件致力于BIM技术在国内的推广工作；另一方面，国内诸多企业也都看到了BIM对于未来建筑产业变革性的影响，也都纷纷开始将BIM应用于自身的项目中，相信不久的将来BIM终将在我国建筑产业形成一种全新的概念与技术手段，并且行业也终将借助BIM迎来全新的契机。

（一）宏观层面

2011年5月，住建部在《建筑业“十二五”发展规划》中明确提出BIM将要成为建筑业发展的核心竞争力，这是BIM作为一项新的信息技术在工程建设领域普及和应用的要求。

2014年7月，住建部在《关于推进建筑业发展和改革的若干意见》中提出，推进建筑信息模型(BIM)等信息技术在工程设计、施工和运行维护全过程的应用，提高综合效益，推广建筑工程减隔震技术，探索开展白图代替蓝图、数字化审图等工作。

2015年6月，住房城乡建设部印发的《关于推进建筑信息模型应用的指导意见》中的发展目标指出：到2020年末，建筑行业甲级勘察、设计单位以及特级、一级房屋建筑工程施工企业应掌握并实现BIM与企业管理系统和其他信息技术的一体化集成应用。

2016 年 1 月，广西住建厅在《广西推进建筑信息模型应用的工作实施方案》中指出：推进我区 BIM 发展和应用的重点任务是完善标准定额体系，确保 BIM 技术推广应用持续进行；依托 BIM 技术联盟，发挥行业枢纽作用；开展 BIM 应用示范 (试点) 工程建设，加快推广 BIM 技术应用；转变政府监管模式，把 BIM 技术应用融入到职能部门的日常管理。这些政策性文件的出台拉开了 BIM 技术在我国项目管理各阶段全面推进的序幕。可见，BIM 技术的普及和应用已是大势所趋。

(二) 微观层面

近年来，我国的 BIM 应用正在积极推进。国内许多大中型城市先后成立了 BIM 中心，例如，北京建工集团 BIM 中心，湖南建工 BIM 中心等等；以战略联盟形式出现的应用机构也组建成立，例如，国家建筑信息模型 (BIM) 产业技术创新战略联盟 (简称“中国 BIM 发展联盟”)，福建省 BIM 技术应用联盟，沈阳建筑信息模型 (BIM) 产业技术创新战略联盟，广西建筑信息模型 (BIM) 技术发展联盟，湖南省建筑信息模型 (BIM) 技术应用创新战略联盟等等；各地高校也纷纷开展 BIM 领域研究，例如，华中科技大学 BIM 工程中心、上海交大 BIM 研究中心，重庆大学 BIM 研究中心。借助这些 BIM 机构平台，国内 BIM 应用得到了快速提升，BIM 应用的发展从重大项目的试点开始转向社会化全过程 BIM 应用，应用范围则由大中型城市向中小城市铺开，应用领域从单一阶段的建模服务逐步转向全过程 BIM 服务；应用形式从只使用桌面软件产品转向结合云端及移动端软件产品整合使用。

五、BIM 在广西的应用现状

通过对国内外相关文献的查阅，欧美国家真正应用 BIM 技术的时间已有 10 年，而我国建筑业的 BIM 技术应用正在逐渐开展，广西在这领域中的应用成果屈指可数。

2012 年底，广西建工联建公司于在裕丰荔园项目中应用 BIM 技术，据悉这是广西第一个应用BIM技术的工程，它开启了广西本土企业应用BIM技术的先河，该项目在第二届中国工程建设BIM应用大赛中荣获“推广应用奖”。

2014年由政府投资的南宁市轨道交通1号线工程也开始采用BIM技术应用。2016年3月，广西借鉴一线城市的经验，成立了一个由自治区住建厅指导，广西工程建设标准化协会牵头，高等院校、软件开发、BIM咨询、建设、勘察、设计、施工、造价及相关行业协会等单位联合参与的“广西建筑信息模型(BIM)技术发展联盟”。这是一个由政府引导、企业参与的BIM技术应用推进平台。借助这个平台开展BIM技术应用示范试点工作，以点带面，加快推进我区BIM技术的应用发展。

查阅资料，目前柳州市有建筑业资质以上企业约80家，2015年完成建筑业总产值249.89亿元，然而应用BIM的工程项目寥寥无几。柳州万达广场在工程质量管控上采用了BIM技术，引进了先进的BIM现场管理系统，从规划开始直到建筑结束，万达集团与监理、设计、施工多方，都能够应用该系统进行工程建造实时化的及时沟通和精细集成管理，在提高生产效率、节约成本和缩短工期方面发挥重要作用。

六、影响BIM应用发展的阻碍因素

目前广西的BIM应用主要集中在设计阶段，在施工阶段、运营维护阶段的应用较少。通过对BIM相关文献阅读、BIM应用问卷调查、专家访谈、企业实地走访等多种形式获得的调查数据进行分析研究，我们得出以下影响BIM发展应用的阻碍因素：

（一）来自政府部门的阻碍因素

政府的建筑信息化的投入比例少。资料显示，我国已实施信息化建设的建筑业企业对信息化的投入平均只占企业产值的0.027%，而发达国家建筑业企业这一数字在0.3%，相差了11倍。建筑信息化投入上的不足，无法有效支撑建筑信息化应用的要求，严重制约了BIM技术的普及推广应用。

政府和企业的 BIM 推广计划制订较晚。BIM 技术的推广需要制度的保障。在美国，虽然 BIM 技术应用主要是以市场导向为主，但所有政府的项目都被要求必须使用 BIM 技术。早在 2010 年新加坡建筑建设局就制定了 BIM 推广 5 年规划，要求到 2012 年所有公共建设项目都必须使用 BIM。韩国也制定了未来 5 年 BIM 推广计划，2016 年前全部公共工程实现 BIM 技术。我国 BIM 推广规划比较晚，2015 年住建部正式印发《关于推进建筑信息模型应用的指导意见》，对于推进 BIM 的应用做出全面部署，要求到 2020 年末，集成应用 BIM 的项目比率达到 90%。

没有政策部门和行业主管部门颁发的 BIM 标准和指南。目前，在美国建筑业已有一半以上的机构都在使用 BIM，在政府的推动引导下，美国国家建筑科学研究院制定了美国国家 BIM 标准 (National BIM Standards)，英国发布了“AEC(UK) BIM Standard”；挪威也先后发布了 BIM Manual 1.1、BIM Manual 1.2。一些亚洲国家，例如新加坡发布了《Singapore BIM Guide》。韩国颁布了《建筑领域 BIM 应用指南》。在我国，关于 BIM 的一些标准、规范通过项目形式已取得研究成果，BIM 标准体系还尚未健全。BIM 应用中不同专业、不同阶段有不同的应用软件。各个软件开发商对 BIM 的理解乃至表达的形式都有一定的差异，只顾开发自己的软件和专注自己所在领域的兼容性。由于没有统一的 BIM 标准，存在 BIM 软件的兼容性差、数据交互难、重复建模造成巨大的浪费等诸多问题，使得 BIM 模型在大范围内交流使用受限，严重制约了 BIM 在国内的开发和应用。

（二）来自设计单位的阻碍因素

思维观念落后任何技术的推广都要从更新观念理念开始。在建筑设计领域，设计人员对 BIM 技术应用的思维观念落后、不适应这种思维模式的变化、不适应 BIM 的协同工作模式，这是个普遍现象。从传统的二维平台设计到模型设计，BIM 技术的发展给建筑设计方法带来新的革命。但目前的三维模型解决不了三维出图的问题，由三维模型转二维图纸距离国家的图纸要求还有很大的出入，仍需回到二维出图，这些原因导致大多数设计人员不愿意转到三维平台。

缺乏兼具建筑知识和BIM操作能力的BIM人才有些设计任务重的老技术人员没时间没精力去学习新的BIM技术，而工作任务少的年经设计人员即使掌握了BIM软件操作方法，但缺乏建筑知识也无法独当一面。

（三）来自施工企业的阻碍因素

对BIM应用带来的应用价值认识不足任何建筑企业只有对BIM应用价值有了足够认识才有可能使用BIM技术。由于对BIM重要性和使用BIM技术带来的经济效益的认识程度不够，再加上应用BIM技术需要增加BIM软件购买及硬件升级的费用、招聘BIM专家以及组织BIM团队的费用，所以建筑行业当中的很多企业都没有为BIM应用开设专门的机构，也没有配备相应的BIM技术人员，有些企业如果要用到BIM技术，只能外聘BIM建模人员，这样一来企业需额外增加聘请专家和咨询需要额外费用，同时设计人员与外聘的BIM建模人员分离的组织形式成了BIM成功推广的羁绊，导致了BIM应用推广困难。

没有成立专门的BIM机构和专业人才在很多中小企业当中，由于BIM技术的推广应用尚处于初级阶段，应用BIM的项目较少，加上整个行业普遍对信息化不够重视，没有成立专门的BIM应用机构，也没有专业的BIM技术人员。另外，由于BIM专家比较少，聘请费用很高，使得更多企业也不愿意使用BIM技术，这些因素都导致了BIM应用推广速度缓慢。

（四）来自软件供应商和开发商的阻碍因素

软件供应商软件不够成熟，软件配套不够完善各企业之间往往使用不同的应用软件，BIM设计软件与其他软件的交互性、兼容性差，软件需要在不同的操作系统平台上重新编译才可运行，很多工作不能在一个平台上协作，相互之间信息交换和共享的难度大，影响了应用的普及和推广。

（五）来自高校和培训机构的阻碍因素

高等院校作为建筑行业后备人才的摇篮，肩负着将信息化前沿技术带入教育、为行业培养优秀人才的重任。近几年，很多高校的建筑类专业都相继开设了有关BIM 的课程，但未能形成完整的 BIM 课程体系结构，加上师资力量薄弱，BIM 专业应用人才培养跟不上市场 BIM 人才需求等情况日益凸显。

七、促进 BIM 发展的有效途径及对策

BIM 技术是实现建筑信息化发展的主要途径。建筑业 BIM 的推广应用，需要政府、企业、个人以及行业协会等建筑业各参与方的共同努力。我国建筑业 BIM 发展相对比较缓慢，BIM 的推广应用存在诸多阻碍因素，需要克服一系列关键阻碍因素，才能促进建筑业 BIM 的发展。

（一）发挥政府部门的导向作用

政府的引导和导向是中国建筑业 BIM 发展的关键。由于政府在国内基础设施项目的选择、项目的资金筹集、资金投放、项目的管理等方面的影响力非常大，因此政府的引导行为、政策性文件出台等导向作用对 BIM 的推动发展至关重要，是建筑信息化发展的“风向标”。

1. 加大 BIM 宣传力度

BIM 技术在我国建筑业的应用还处在初期应用阶段，得到迅速发展，但还未谈得上普及应用。借助政府具有直接带动建筑市场变化的优势，作为地方政府，首先应该从思想上重视 BIM 技术应用工作。BIM 在建设行业应用势不可当，越早介入，越早受益。可通过下达学习文件、组织外出培训考察、开展专题讲座等多种形式加大 BIM 宣传力度，让建筑业界各方对 BIM 充分了解。其次要积极组织和开展 BIM 应用成功案例的经验交流会，用 BIM 应用的成功案例带来的高效率和高效益的效果来充分调动建筑业界各方的参与积极性。

2. 率先规定使用 BIM 技术

目前，我国一线城市的地方政府正在积极推进 BIM 技术在政府投资工程项目的应用。例如：上海市已经对保障性住房、市政基础设施建设项目、市重大工程项目等开展 BIM 应用试点，到 2017 年年底，上海市规模以上政府投资工程全部

应用BIM技术；深圳市将在政府工程管理中引入BIM应用；福建政府投资工程先行先试BIM，等等。广西也可以将政府工程作为试点，在公共项目中率先规定使用BIM技术，要求项目参与方必须具有一定的BIM应用实力。通过这种强制性的规定来使得项目参与方接受BIM技术，促使项目参与方成立自己的BIM团队，培养BIM人才。同时，政府也可以不断积累BIM应用成功经验，加大对BIM研究成果的宣传和推广，逐步向社会各类工程推广BIM技术。

3. 出台相关的激励政策

为鼓励项目参与方的积极性，政府可以出台相关激励政策或奖励机制来促使企业运用BIM技术。比如，在项目招投标文件中，增加BIM技术应用的内容和服务标准，给使用BIM技术的企业加分，或者在项目评审过程中，对具有BIM技术应用能力（成果案例）的企业给予加分，也可在优质工程评比中，对应用BIM技术的项目给予加分，鼓励企业在项目上应用BIM，促进BIM技术的应用推广。

4. 增加建筑信息化投入

比例在BIM技术的研究方面，政府机构可以提供专项基金，鼓励BIM人才培养，培养一批具有一定创新研发能力的BIM技术服务企业和专业人才；或通过设立相应的科研项目，支持企业和高校开展技术研发，研发具有自主知识产权的BIM软件和应用技术，强化BIM研究的力量，形成BIM服务产业。

5. 制定中长期建设目标

国外许多国家和地区政府都制订有明确的BIM推广和应用目标。目前，国家建设部也在制定BIM技术在工程建设和管理应用的整体发展规划。政府引导与市场主导相结合，各地方政府也应积极准备，制定建设目标和发展规划，引导和培育供需市场，充分发挥建设、设计、施工等市场主体主导作用，迎接这场建筑业技术革命的到来，以达到BIM技术全面推广应用的最终目标。

（二）发挥行业协会的引领作用

1. 举办 BIM 行业技能大赛

通过行业协会组织来推动 BIM 应用是一条行之有效的好方法。行业协会可以组织 BIM 专题培训、举办 BIM 竞赛、召开 BIM 应用经验交流，调动项目参与方的积极性，以推动 BIM 技术的推广应用。目前较具全国性影响力规模的 BIM 大赛有很多，例如，由住房和城乡建设部科技与产业化发展中心、中国房地产业协会、中国建筑文化中心联合举办的“住博会·中国 BIM 技术交流暨优秀案例作品展示会”，主要考察在设计、施工、运维、院校的 BIM 应用；由中国勘察设计协会、欧特克软件(中国)有限公司联合举办的“创新杯”BIM 应用设计大赛，涵盖了建筑类、基础设施类、综合类三个大类BIM的应用；以及由中国图学学会主办的“龙图杯”全国 BIM 大赛，中国建设教育协会、住建部工程管理和工程造价学科专业指导委员会、全国高职高专教育土建类专业教学指导委员会举办的“斯维尔杯”建筑信息模型应用技能大赛。可见，行业协会在促进 BIM 技术在工程建设中的应用，培养 BIM 技术人才，推动 BIM 技术的应用发展起到重要作用。

2. 建立统一的 BIM 标准体系

BIM 标准成为我国 BIM 应用发展首要面临的难题。BIM 集成了建筑工程项目的各种相关信息，在项目建设的不同阶段 BIM 技术发挥着不同的作用。建筑生命周期有四个阶段：规划阶段、设计阶段、施工阶段、运营阶段，每个阶段都有不同的 BIM 技术应用标准。要想最大限度地发挥 BIM 技术优势，必须统一各阶段的 BIM 标准。在国家标准制定之前，各地政府部门和行业协会要制定满足本地区要求的 BIM 技术应用的招标和合同示范文本，形成与 BIM 技术应用要求配套的标准规范体系，健全相应的法律法规。

例如，在 2014 年，辽宁省住房和城乡建设厅提出将发布《民用建筑信息模型(BIM)设计通用标准》，山东省人民政府办公厅，明确提出推广建筑信息模型(BIM)技术，广东省住房和城乡建设厅提出到 2015 年底基本建立 BIM 技术推广应用的标准体系及技术共享平台，陕西住房和城乡建设厅提出重点推广应用

BIM(建筑模型信息)施工组织信息化管理技术，上海市人民政府办公厅提出到2016年底，基本形成满足BIM技术应用的配套政策、标准和市场环境。因此，为实现BIM推广应用目标，必须让建筑企业都遵守行业标准，使用统一的数据标准，才能实现建筑信息的全过程全方位共享。

（三）鼓励企业积极参与BIM项目建设

1. 业主方

建设项目的业主方是BIM技术应用最大的受益方。BIM技术深入普及应用能力可以大幅提升项目管理能力和企业整体竞争力，业主方要重视利用新技术提升自己的管理水平。作为项目的业主方，首先应该将BIM技术应用列入了项目招标条款中。选用正确的解决方案，从规划设计开始就要求项目参与方使用BIM技术。为平衡各方的利益关系，可按各项目参与方应用BIM系统的受益程度大小来设计合理的成本和利益分配制度。采取各种措施激励各方切实有效地将BIM技术应用于各阶段,实现BIM的多阶段协同使用,从而产生最大的经济效益。其次，聘用各个阶段的BIM总顾问。业主方成功应用BIM案例表明，在设计、施工阶段分别聘用专业的BIM顾问来负责统筹实施BIM技术应用是成功策略之一。因为，没有全才的BIM顾问，一般一个BIM顾问只精通一个阶段的BIM技术，因此业主方想要在设计、施工、运维阶段应用BIM，必须聘请多名专业BIM顾问。

2. 设计单位

建筑项目的设计工作贯穿于整个建筑生命周期的始终，设计阶段是BIM技术应用的关键阶段。BIM将建筑、结构、给排水、空调、电气等设计整合到一个共享的建筑信息模型中，实现建筑信息的全方位共享。作为设计单位，可以像国外一些设计企业那样，在建模阶段就邀请施工方介入，协同设计，共同解决结构与设备、设备与设备间的冲突，在施工前提前将相关问题发现并解决，有助于提高设计质量；还可邀请供应商参与，共同研究如何节省空间、时间、材料，避免施工中的浪费，有利于项目成本和工期的控制。在这一阶段，将项目参与方的各项信息进行整合设计，有效保障下一阶段的施工进度、施工质量和成本控制。这是一种项目优化设计的很好模式，值得我们借鉴。

3. 施工单位

施工企业要充分发挥 BIM 技术的优势，利用 BIM 的共享性和协同性参与到设计阶段中。根据设计单位递交相关的图纸，在模型中进行设计校核，

进行碰撞检查，提出优化建议，从而提升项目设计服务的质量。此外，还可以协助项目公司协调项目各参与方在共同的数据平台下进行协同工作，提高施工的效率，避免成本的增加。

4. 团队建设

BIM 技术团队是建筑企业的核心竞争力。建立一支具有高效的团队协作能力、丰富的实践经验、较强的信息分析能力的 BIM 技术团队是推动 BIM 应用的必不可少条件之一。建筑企业可以根据人员岗位不同和运用 BIM 技能需求的不同，采取联合培养、实战培养、专项培养等多种方式，分梯次打造 BIM 技术团队。

（四）充分发挥高校人才培养优势

BIM 的发展势必造成 BIM 人才需求的增加。在高校建立基于 BIM 技术的教育体系，将 BIM 培训融入现有的教育体系中，从在校的学生开始，培养掌握 BIM 技术的人才，为 BIM 应用和 BIM 软件开发提供充分的人力资源。

1. 开设相关 BIM 课程在建筑类专业中开设并合理安排 BIM 相关应用课程，让学生在校学习期间学习 BIM 知识，了解未来信息化建设项目的技术要求、设计方法及管理手段等，强化实践教学，实现 BIM 人才培养目标。

2. 打造 BIM 教学团队注重高校 BIM 技术的教学团队的建设，可从企业引进有 BIM 应用经验的人才，同时鼓励专业教师挂职锻炼，积极参与 BIM 建设项目，积累 BIM 专业的实践能力，打造年龄结构合理、具有 BIM 技术实践教学长期性和可持续性的教学团队。

3. 建立 BIM 应用与研究中心近几年，高校已经陆续搭建了 BIM 研究平台，

开始BIM的研究工作。建筑类本科院校重点研究的是BIM技术理论，高职院校的研究重点是BIM软件的应用。例如，华中科技大学BIM工程中心、上海交大BIM研究中心、重庆大学BIM研究中心、广西建设职业技术学院的BIM技术应用研究中心。这些研究平台在BIM人才的培养、BIM技术团队的打造和BIM应用研究等方面发挥着重要作用。

4. 参加BIM竞赛。通过参加各种各类BIM竞赛，让更多专业院校和师生更加深入了解BIM，领略BIM贯穿于建筑全生命周期的过程，提高师生们的BIM实际应用能力，为行业发展培养更优秀的BIM专业人才。

总之，BIM技术带来了设计手段和施工管理的创新，是建筑信息化建设的重点。近几年BIM应用得到迅速发展，但仍存在着许多阻碍因素。我们需要克服各方面的发展阻碍，采取有效的途径和方法加快BIM技术在建筑行业的应用，促进BIM在中国建筑业的发展。

八、中韩比较

（一）韩国建筑业BIM发展的概况

21世纪初，在韩国建筑业设计领域非常流行3D效果图，从而掀起了虚拟建筑设计的热潮。但是当时的虚拟建筑基于点、线、面、体等几何元素和灰度、色彩、线性、线宽等飞机和属性的计算机图形（Computer Graphics）的表现，而计算机图像的目的就是要利用计算产生令人赏心悦目的真实感图形。本质上与BIM的数据模型不同。

当时，虽然学术界对于3D CAD技术有一定的研究，但是对于整个韩国建筑业来说，BIM技术仍然是一个非常陌生的概念，韩国建筑业从事者中了解BIM技术的人寥寥无几。2005年，查理·伊斯特曼和杰里·莱瑟林合作举办的首届BIM会议引起了韩国建筑业对于BIM技术的关注。查理·伊斯特曼和同伙们共同出版《BIM手册》之后，韩国建筑业开始了解BIM技术。刚开始时，设计院的工作人员和高校的学生尝试一些BIM软件，比如Form Z、Revit Building系列以及 Archi CAD 等，并且学术界加强对 BIM 技术的研究力量。在建筑业各领域的支持下，韩国 IAI 组织于 2008 年成立了韩国 Building SMART 协会，从而正式推广 BIM 技术，以促进韩国建筑业走上 BIM 之路。

韩国政府部门非常看好 BIM 技术，从 2008 年起，积极推动并呼吁建筑业各领域的参与。韩国 BIM 协会于 2010 年 11 月首次亮相，以发展并普及有关 BIM 的技术和知识。2011 年 1 月，韩国建设 IT 融合学会加强韩国建筑业对于 BIM 技术的研究力量。它们以研究并交流建筑业的信息技术来与韩国建筑业不同领域之间的相融合，用以帮助韩国建筑业达到先进的 IT 水平。

大概从 2008 年开始，公共部门开展 BIM 工程项目，到目前为止不仅增加 BIM 项目的数量而且还扩大项目的范围。通过参与公共部门发出的 BIM 项目，开发商和承建商也开始了解 BIM 技术，从而加入到 BIM 发展的行列中。

在 BIM 技术发展初期，在缺乏对 BIM 的充分理解和缺乏提前准备的情况下，如果公共部门急功近利地盲目启动 BIM 工程项目，会产生负面的影响。一些韩国公共部门发出的 BIM 工程项目没有提出具体的应用 BIM 技术的目标，而盲目要求承包公司和设计院提交比较完整的 BIM 工作结果，最终增加 BIM 使用者的工作压力。而且韩国建筑业民间企业对于 BIM 技术没有足够的技术积累和实践经验，没法满足公共部门的需求。

纵观美国的 BIM 发展历程，民间企业先充分了解并应用 BIM 技术，并且学术界也在同步并普遍的研究有关 BIM 的技术之后，大概从 2007 年开始，公共部门严格规定在公共工程项目上使用 BIM 技术。韩国国土海洋部于 2010 年发布《建筑领域 BIM 应用指南》，表示了公共部门对于 BIM 技术的肯定。韩国调达厅在发出电力交易所 BIM 项目之后，公布《BIM 路线图》，制定公共部门对于 BIM 技术的应用计划。

目前 BIM 技术已在韩国建筑业得到了认可和支持，势在必行的势头很高涨，但依然在 BIM 技术的发展的过程中存在着一些问题。学术界的专家们，一方面强调 BIM 技术所带来的机遇、优势，另一方面不断地指出韩国建筑业正面临的各种挑战，例如，技术、业务、法律以及管理上的问题。

（二）韩国BIM组织

1. 韩国Building SMART协会

韩国Building SMART协会的前身是于1998年组织的IAI Korea。虽然国际IAI组织通过各种研发和交流活动对于建筑业交互性的提高有一定的贡献，但IAI Korea在建筑业信息技术方面的有限性、在建筑业中不被重视以及政府政策的不支持等被动的条件下无人问津。随着韩国建筑业对于BIM技术的关注度增加，韩国IAI Korea也与国际Building SMART组织同步，改名为韩国Building SMART协会，从而开始展开BIM技术的普及。

韩国Building SMART协会于2008年4月成立，其宗旨是促进BIM技术和高端建设IT的研究和开发、交流、普及以及应用。韩国Building SMART协会的主要工作是：（1）研究并开发有关BIM的应用技术；（2）收集并普及有关BIM技术的信息；（3）执行BIM技术的培训；（4）BIM咨询；（5）接受政府机关和民营企业的委托，进行BIM课题；（6）与国内外建筑业的研究机构和组织交流；（7）承办并参加国内外研讨会和展览会等活动；（8）发放有关BIM技术的新闻；（9）发行学术杂志等。

2. 韩国Building SMART协会的主要活动

（1）BIM大会

从2008年开始，在国土海洋部、知识经济部、调大厅等国家直属机构以及建筑都市空间研究所、大韩建筑学会、大韩建筑师协会、知识经济部韩国产业技术振兴院、韩国建设技术研究院、韩国建设管理协会、韩国建筑家协会、韩国建筑结构技术士会、韩国设备技术协会等民营组织的支持下，韩国Building SMART协会承办BIM会议，以帮助国内建筑业从事人员对有关BIM知识进行广泛的交流。2011年的BIM会议于11月底进行，韩国Building SMART协会与韩国建设IT融合学会和韩国建设技术研究院共同承办。BIM会议的支持单位和参会人数逐年增加。目前成为在韩国规模最大的 BIM 会议。

（2）期刊

The BIM 是韩国 Building SMART 协会发行的学术杂志。The BIM 主要收集国内外有关 BIM 技术的信息，比如有关 BIM 的知识、各种研究结果、BIM 项目案例以及有关 BIM 组织的活动等，传达给建筑业参与方。特别是与国际 Building SMART 互动，及时介绍国外 BIM 的信息。从 2008 年发布了第一刊到目前为止共发行了五期。

（3）BIM 国际论坛

韩国 Building SMART 协会从 2008 年开始每年举办 BIM 国际论坛，主要邀请国内外 BIM 专家共享他们的研究结果、实践经验以及 BIM 技术的最新信息。BIM 国际论坛的宗旨是为世界各国建筑业从事者提供交流和沟通的平台。例如，在 2010 年 BIM 国际论坛上邀请了挪威、新加坡、日本、澳大利亚、丹麦以及美国等国外的专家，就四个主题（四个主题各是可持续发展建筑、施工及设施管理、业主方的 BIM 以及 BIM 技术）进行演讲和讨论。韩国 Building SMART 协会总共举办了四次国际论坛，每年 4 月份定期召开。

（4）BIM 大奖赛

韩国 Building SMART 协会从 2009 年开始开展 BIM 大奖赛活动。BIM 大奖赛的目的在于选拔出对韩国建筑业 BIM 发展有贡献的团体或者个人进行颁奖，以促进韩国建筑业 BIM 技术的先进化，从而提高建筑业信息技术的国际竞争力。BIM 大奖赛对任何参赛团体或者个人不加以限制。奖项分为视觉奖（Vision Award）、设计奖（Design Award）以及施工奖（Construction Award）三种。

3. 韩国 BIM 协会

韩国 BIM 协会于 2010 年 10 月成立。协会成立的目的在于加强学术界对于 BIM 技术的研究和教育的力量，并广泛宣传有关 BIM 技术的知识和研究成果，以解除不同学术界之间、专家与非专家之间、供应者与需求者之间的沟通障碍，进而推动韩国建筑业 BIM 技术的发展。

协会理事会由政府机关、承建单位、高等院校、设计事务所、施工单位、IT公司以及国企事业单位等建筑业各领域的专家组成。韩国BIM协会为建筑业所有从事人员提供参与学术交流和沟通的平台。韩国BIM协会的主要活动包含两方面的：一方面是学术大会、BIM论坛及学术交流会的举办。另一方面是专业期刊、论文集以及有关BIM图书的发行。

（三）韩国建筑业BIM发展的阻碍因素

近几年，虽然在韩国建筑业中BIM技术受到建筑业各领域参与方广泛的认可，并且不少工作人员尝试过BIM，但是在实际工作当中BIM技术的引进还没达到普及。比如，BIM技术的应用大部分局限于建筑设计领域，而与其他领域缺乏互动。

从2008年10月开始，韩国建筑家协会和韩国Building SMART协会共同针对建筑公司和设计院进行调查，以了解BIM发展的现状。调查的主要内容包括公司的基本情况、BIM管理系统、BIM执行部门、对BIM的投资以及BIM技术应用程度等。关于BIM引进和应用的阻碍因素，分成"BIM引进的难点或者阻碍因素"和"实施BIM项目中所遇到的难点或者阻碍因素"两个部分来进行。对于这两个问题，0分同等于不知道，1–2分同等于不赞同，3–4分同等于表示中立，6–7分同等于赞同。

施BIM项目中所遇到的难点或者阻碍因素"的调查结果表示，对于"软件之间交互性不足"的问题63%的被调查者表示赞同。对于"项目参与者之间协同精神不佳"的问题48%的被调查者表示赞同。

对于"基于BIM的协同工作体系不完整"而被分析为阻力最大的原因。Hee-Sun认为：为了一个组织或是整个建筑业都能够有效地应用BIM技术，目前的工作体系需要围绕着BIM技术而变化。即使政府和高层管理者足够的支持，组织内部的BIM小组实际上还是跟随传统的2D CAD工作体系进行BIM，无法适应于BIM的协同工作模式。Hee-Sun提出"在本项研究中值得关注的是有关技术性的问题不被关注，这意味着技术因素对于韩国建筑业BIM全面性发展的阻力不大”。她解释说，技术上的问题是短暂性的问题，这些能够被软件开发公司或是使用者所解决。

（四）比较分析

中国建筑业的“关键阻碍因素”和韩国建筑业的“关键阻碍因素”的对比结果其中，中国建筑业的“关键阻碍因素”是通过专家访谈、问卷调查和技术分析得出来的结果，而韩国建筑业的“关键阻碍因素”是通过广泛的文献阅读总结出来的结果。

中国和韩国的共同阻碍因素包括：有关BIM标准和指南的问题、动机问题、BIM工作体系问题、交互性问题、聘用BIM人才的费用问题以及对于环境变化的心理问题等。

对于中国建筑业来说，协同工作模式、数据资源以及模型对象库的问题、BIM人才问题、长期投资计划、软件和硬件的费用问题、可参考的实践经验问题、BIM软件功能的问题、物理环境问题以及工作时间和工作量的问题不是最为重要的，而更重要的是BIM模型中的知识产权问题、国内对于BIM技术的研究问题、对于分享数据资源的态度问题、国产的BIM技术产品问题、BIM项目中的争议处理机制问题、BIM标准合同示范文本问题、思维模式的变化问题、设计费用问题以及BIM技术带来的经济效益问题等。基于以上分析，总结中国建筑业“阻碍因素”具有如下五个特点：

第一个，在BIM发展过程中，所发现的一些阻碍因素是与政府、业主以及建筑业的团体或者组织有密切关系的。比如，外部动机问题、BIM标准合同示范文本问题、BIM标准和指南问题、技术研究问题以及争议处理机制问题等由政府的支持、业主的参与以及建筑业中团结力的缺乏所导致的。

第二个，有关法律的问题对于中国建筑业BIM发展的影响力比较大。与韩国建筑业相比，中国建筑业更关注有些法律上的问题，既是标准合同示范文本问题、保护知识产权的问题以及争议处理机制的问题等。问卷调查的结果也显示，一些法律问题的重要性。其中，标准合同示范文本问题在本研究调查结果分析中被认为第二个重要的因素，其重要性甚大。在文献调查中发现，有关法律的问题在韩国建筑业很少被提及，但是美国和一些欧洲国家非常重视其重要性。

第三个，在中国建筑业BIM发展的过程中，从事人员的心理和思维上的问题这一阻力比较突出。问卷调查的分析结果说明，“不适应思维模式的变化”“对于分享数据资源持有消极态度”以及“反抗新技术的抵触心理”都是中国BIM发展的主要阻碍因素。与韩国建筑业相比，对于分享数据资源持有消极态度和不适应思维模式的变化是中国建筑的突出的阻碍因素，而对于BIM技术的抵触心理是两国共同的阻碍因素。从专家访谈中得知，中国建筑业从事人员对于BIM技术的心里和思维上的不利因素主要从几个方面表现出来，即对BIM的抗拒心理、对于BIM技术的消极性、对于自身的专利和信息资源的保守态度以及对于利润消减的恐惧心理等。

第四个，中国建筑业重视自身的BIM研究和技术。问卷调查的分析结果已显示中国建筑业的BIM技术研究和BIM技术产品的重要性。访谈时，专家们提出在BIM发展的过程中必须得充分研究BIM技术，并开发国产的BIM软件和技术产品。与中国建筑业相比，在韩国建筑业的阻碍因素中具体操作方面的问题比较突出。例如，数据资料以及、模型对象库的标准信息不足、BIM软件功能的不完整、可参考的实践经验不足以及缺乏具备建筑知识和BIM操作能力的设计人员等。

第五个，虽然经济因素对于中韩两国建筑业来说不是核心的阻碍因素，但是经济因素对于两国BIM的发展有一定的阻力，而两国的关注点不同。比如，中国建筑业对于BIM带来的经济效益问题敏感，而韩国建筑业更关注软件购买和硬件升级的费用。

九、BIM促进方案研究

BIM技术的发展不仅仅只是特定的领域或者特定的组织熟练应用的一门技术，更不是指某些项目工程的成功应用。实现BIM技术的发展，应该提升整个建筑业的 BIM 应用水平，让所有的建筑业参与方能够普遍地、充分地利用 BIM 技术，以提高工作效率、减少资源浪费，从而达到创新和环保的目的，这才是 BIM 发展的核心。本章从政府、企业以及个人的角度出发，提出应对 15 个“关键阻碍因素”的对策方案。然后，根据所提出的方案，建立“促进中国建筑业 BIM 引进和应用的流程图”。

（一）对于关键阻碍因素的应对方案

1. 创造足够的外部动机

“没有充分的外部动机”是中国建筑业 BIM 发展的关键阻碍因素之一。从文献调查和专家调研中得知，在 BIM 引进初期，政府和项目业主方的影响力非常大。政府在国内基础设施的投资和对于建筑业管制方面有绝对的影响力，而房地产开发商拥有丰富的经验和财力承担住房和商业建筑的开发。换句话说，他们能够为建筑业企业和个人创造足够的外部动机。

对于建筑业的企业和个人来说，建筑市场对于 BIM 技术的需求是显著的外部动机。纵观中国建筑业市场，目前来看市场对 BIM 技术的需求量还非常小。除了少数的大型项目以外，在中小型工程项目中很少使用 BIM 技术。为了企业和个人能够更多地接触到 BIM 技术，则需要更多的 BIM 项目。建议政府和项目业主方在自身的项目中，以应用 BIM 技术这种方式来增加中国建筑业对于 BIM 技术的需求量。业主可以通过合约，强制推行使用 BIM 技术。首先，从规模相对比较小的试点项目开始，试用 BIM 技术。然后建议分三步扩大 BIM 项目范围：第一步，中央政府投资或合资的大型项目；第二步，地方政府投资项目；第三步，开发商投资的项目。参与建设的企业和个人积累了足够的实践经验以后，可以建立自己的 BIM 团队和 BIM 工作流程等。随着 BIM 项目的开展，政府和开发商对企业和个人均有更高的要求，使其技术和服务水平达到最佳。从而促使企业投入到 BIM 人才的培养和 BIM 软件的开发上来，同时也促使个人要具备更高水准的技术能力。

此外，政府和企业还可通过制定奖励政策，来促使企业或者个人尝试、运用BIM技术；或者以制定强制性的规定来使得企业或者个人接受BIM技术。比如，选定BIM项目承包商的时候，给使用BIM技术的企业和个人加分，从而推动企业和个人使用BIM技术。开展年度BIM竞赛也是创造外部动机的一种有效的方法。政府或者行业协会有必要举办BIM竞赛，设定有关设计、施工以及管理等各种奖项，来推动BIM技术的应用。同时BIM竞赛范围还可以扩展到院校，以此来鼓励他们的积极性。

2.BIM标准合同文本的研制

在工程项目中合同的重要性非常大。在《中国商业地产BIM应用研究报告2010》中，提出应该注意有关BIM的合同条款，避免有可能带来的风险。但目前在中国建筑业还没有支持BIM项目的标准合同文本。由于BIM的工作模式与传统的工作模式迥然不同，在BIM项目中参与方的责任和义务也不同。为了扩大更多企业或者个人来参与BIM项目，中国建筑业需要研制BIM标准合同文本，在合同上规定有关BIM项目的事项，减少项目参与方的风险。BIM标准合同文本的研制需要中国建筑业各领域专家的参与。比如，在制定美国的Consensus DOCS 301 BIM Addendum的过程中，项目的业主、承包商、设计师、工程师、施工企业、制造商、材料供应商、保险公司、律师以及政府官员等所有的利益相关者一起开研讨会，深谈相关的问题，从而达成了一致的观点。

目前从BIM技术的发展情况上看，中国建筑业极其缺乏交流和团结力。缺乏能够聚集建筑业团结力量的组织或者团体。考虑到中国社会和文化的特点，我认为中国政府能够起领导和引导的作用。建议由住房和城乡建设部委托中国建筑业协会等国内有权威的行业协会，与中国建筑科学研究院等有实力的研究机构合作，共同制定BIM标准合同文本。BIM标准合同文本必须得反映中国建筑业的行情，制定过程需有项目各参与方的代表和律师参加，并考虑项目各参与方的立场。制定BIM标准合同文本以后，从中央政府的公共项目中开始试点采用，把采用范围扩展到地方政府的项目和开发商投资的民营项目中。以住房和城乡建设部的办公厅为主，宣传并推广BIM标准合同文本，促使各个行业的协会和企业来配合BIM标准合同文本的推广及教育工作。建议由行业协会或高校开展配套的培训。

在制定BIM标准合同文本的过程中，需要建立建筑业各领域工作人员的意见反馈机制。在使用BIM标准合同文本的项目中，由政府授权对BIM标准合同熟悉的咨询人员，负责全程考察在项目中BIM标准合同的可行性和效果，并收集合同当事人的意见，向政府相关部门报告。根据反馈的意见，修正并完善合同文本。从BIM标准合同文本的研究、推广、执行以及反馈这一串联的全过程，政府、行业协会、企业以及个人都需要理解在BIM项目中标准合同文本的重要性，并全力以赴地支持该文本。

3. 由2D到3D的思维变化

在文献调查和专家访谈的过程中发现，由2D到3D的思维变化过程中，工作人员需要有一个适应阶段，而这是在全世界建筑业中都存在的现象。尤其是习惯于传统的2D思维方式的“老设计员”更不容易接受BIM的3D思维模式。不管是传统的2D设计还是BIM的3D设计，都与工作人员的想象力是分不开的。传统的2D设计虽然是平面的绘图工作，但在2D图纸解析的时候，读图人只有靠发挥自己的想象力，才能理解其图纸的内涵。相反，对于BIM的3D设计虽然是基于3D空间的建模工作，但在解析3D模型的时候，不用绞尽脑汁，就能够很直观地看懂。由2D到3D的思维变化是个人想象力转换的过程。

“老设计员”的不适应问题可以通过培训和实践来克服。企业为“老设计员”安排BIM培训，可以让他们学习3D设计，帮助他们深入了解3D的工作模式。并且通过参与BIM项目让他们逐渐适应BIM技术。此外，教育部门对在校的学生也要进行基于3D模式的教育，从根本上完成3D思维的建立。

4. 消除分享数据资源的消极态度

与欧美国家相比，中国建筑业的信息堵塞问题更为严重。其主要原因在于建筑业参与方对于自身数据资源的保守态度和工作人员的怠慢以及被动性等。分享数据资源的消极态度直接影响到BIM数据模型的完整度以及其应用价值。如果项目参与方不愿意分享自身的数据来源的话，数据模型缺少应用中所需的数据，而模型的应用价值将随之降低。为了营造建筑业共享数据资源这一开放性的环境，个人和企业需要共同努力。企业和个人在BIM项目中与合作伙伴尝试数据资源交换的模式，来体验分享数据资源的利弊。基于分享数据资源的双赢原理，企业需要采取开放的、积极的对外政策。企业的决策者需要鼓励工作人员之间以及与合作伙伴之间进行数据资源的交流。决策者还要专门聘用企业内部的“数据资源管理员”，主要目的是防止企业内部数据资源流失，从而保护自身的权益。

5. BIM技术所带来的经济效益

中国建筑业对于BIM技术所带来的经济效益还没有进行充分的研究。根据欧美发达国家的研究显示，BIM技术所带来的经济效益是明显的。但是在中国建筑业中还缺乏能够证明其经济效益的根据。实际上在引进BIM的初期，因设计费用的增加、硬（软）件的购买以及员工培训，BIM技术所带来的经济效益不明显。但项目参与方熟练了BIM的工作模式后，BIM所带来的收益将会日益突显出来。

对于BIM技术经济效益的研究，需要足够的案例及分析。政府机构或者企业对自身的BIM项目进行相关性的研究。政府机构或者企业委托高校研究人员到自身投资的项目上进行相关研究，鼓励研究成果在行业杂志上发表。政府为企业提供资金支持并出具介绍信，帮助企业寻找有实力的研究人员或者机构。从经济效益研究中得出定量化的结果。不论BIM项目的成败与否，其实践经验和研究成果将成为可参考的依据。

6. 研发国产的BIM技术产品

在中国建筑业市场中，除了几款BIM技术的应用软件以外还没有国产的BIM技术产品。在BIM项目上使用的BIM技术产品几乎都是国外软件开发公司研发的。国外BIM技术产品不但在使用上不便利，而且不太符合国内建筑业的使用标准，所以在中国建筑业BIM技术的本地化过程中，开发国产BIM技术产品是必要的。开发BIM软件需要长期的人力和资金的投资。如何使软件开发商积极地投入时间和精力是最为关键的问题。软件开发商需要充分理解BIM软件市场的潜力。

BIM 技术的优势和发展潜力已在国外发达国家建筑业中，通过实践项目和研究结果已得到证实，但国内缺乏对于这方面的研究和交流。政府补助企业或者高校的研究人员对于 BIM 技术经济效益的研究是非常必要的，鼓励他们通过学术杂志或者行业协会的会议进行交流并共享研究成果，为软件开发商创造足够的吸引力。

确保稳定的 BIM 软件使用者。软件开发商的主要经济收益来自于产品的销售和咨询。其中，企业和个人的软件购买和更新是开发软件的主要动力。首先，软件开发商开发相应的软件，让软件使用者欣然购买他们的产品。（将其区分为完整版和试用版）以此来提供不同的服务，让使用者对产品产生依赖性。开发软件后再进行售后的完善，不断地升级软件和进行二次开发。然后，政府对于盗版软件市场加强管制，保护软件开发商的权益。严格监督互联网和市场的非法行为，加强惩罚力度。再者，是软件使用者的意识问题。通过公益广告或者让使用者之间进行互动，让使用者具备健全的购买意识。此外，高校和培训机构建立基于 BIM 技术的教育体系，为 BIM 研究和软件开发提供充分的人力资源。

7. 制定 BIM 标准和指南

BIM 标准和指南对于 BIM 技术的发展有引导性的作用。政府行业主管部门颁发的 BIM 标准和指南对中国建筑业 BIM 技术的引进和发展有两大重要意义：一是，说明政府的行业主管部门支持 BIM 技术；二是，为企业和个人的 BIM 使用者提供具体的 BIM 应用指导。比如，如果一个部门在执行 BIM 项目时，在 BIM 指南上规定模型的成品标准的话，使用 BIM 技术的项目参与方可以按照其标准进行工作。BIM 企业标准更有具体的实施方案。比如，在企业标准上规定与 BIM 软件的选定、BIM 团队的组织、数据交换标准、BIM 应用范围、出图标准以及最终提交物等有关的事项。BIM 企业标准可以按照企业内部的特殊要求或者特定项目的目标编制。

在制定 BIM 标准和指南的过程中，可以由政府牵头联合相关行业协会，参考国外发达国家已发布的相关文件结合中国建筑业的标准和规范以及中国建筑业的特色。BIM 标准和指南的制定需要从建筑、土木、结构以及设备等核心的领域开始，逐渐扩展到装潢、景观以及土木等其他领域。政府的行业主管部门在制定标准和指南以后，下发给企业和个人以应用于二次编制和参考。按照项目的特殊要求，项目的业主方可以制定自身的BIM标准和指南。为了推动中国建筑业BIM技术的引进，政府和企业需要紧锣密鼓地开始BIM标准和指南的编撰工作。

8. 建立基于BIM技术的工作流程

目前中国建筑业尚未建立基于BIM技术的工作流程。如果没有确定工作流程体系，易造成工作程序上的混乱而进行返工。政府和企业通过BIM标准和指南的制定，需要建立BIM工作流程的框架，为项目参与方提供工作流程的标本。参考Senate Properties制定的《BIM Requirements》，在流程中需要明确工程项目各个阶段使用BIM技术的对象、BIM的应用范围以及方式等。

即使按照工作流程执行项目，但在引进BIM的初期，项目参与方之间在工作流程上不可避免冲突和差错的出现。这是一个循序渐进的过程。随着BIM项目的实践经验的积累，企业和个人逐渐会熟练掌握基于BIM技术的工作流程。项目参与者掌握基于BIM技术的工作流程之后，可以使工作效率提高和减少工期等。

9. 建立BIM项目的争议处理机制

项目的争议处理机制非常复杂。它涉及争议当事人之间的协商问题、保险支付问题以及仲裁制度的合理性问题等。由于BIM项目经常以协同工作的方式来进行，而项目参与方之间发生争议时，则不容易区分责任方。BIM标准合同文本的制定可以解决一些BIM项目中的争议问题。在合同文本上可以规定BIM数据模型相应的法律位置，包括数据模型的所有权及责任方等。

保险公司为了规定有关BIM项目的保险条款，需要知道BIM数据模型在法律上的重要性、BIM项目各参与方的义务、参与方之间的责任关系等。仲裁员为了处理BIM项目中的争议问题，也需要了解BIM技术，以进行合理的处理。在缺乏争议处理机制的情况下，最重要的是BIM项目参与方之间保持互动。当在BIM项目中参与方之间发生争议时，争议当事人尽力协商，从而达到共同的目标。

10. 实现专业之间交互性

中国建筑业在有关交互性的问题上，存在着两个大问题。第一，是建筑业不同领域之间的交互性差；第二，是缺乏国产的数据交换标准。

如果所有的BIM软件使用者在同一系统的技术平台上交换电子数据的话，那么在交换过程中，不会出现任何数据的漏洞和变形等问题。但实际上建筑业不同领域的工作人员在不同的项目阶段使用不同公司的、不同系统的、不同版本的BIM设计及应用软件。于是他们之间的数据交换就不可能完整。最普遍的解决方法是以通用的数据交换标准为媒介，在不同的BIM软件之间进行数据交换。例如，IFC标准是目前最常用的BIM数据交换标准之一。虽然IFC标准日益完善，但在数据交换过程中还是存在数据的漏洞和缺陷等问题。弥补这些缺陷的方法是利用数据模型的测试工具，检测相关的问题并改正。这方面可参考，《BIM Requirements》里规定模型检测的工作流程以及方法。

目前中国建筑业项目中使用的BIM软件和数据交换标准都是国外软件开发商研发的。由于它们根据自己的建筑情况开发出来的，所以不太符合中国建筑业的标准规范。从长期发展来看，中国建筑业可在统一的平台上，开发自身的BIM数据标准和软件，以提高中国建筑业的国际竞争力。这方面国内已有部分成果，但还须继续展开相关工作。

11. 消除对于BIM技术的抵触心理

BIM是建筑史上的一次技术性的革命性。它对传统社会体系中已享受权利的人群或者彻底习惯于当前工作模式的人会造成抵触心理。在文献阅读中发现，改革是一场利益机制的再分配和再调整，这是产生心理障碍的直接原因。改革的目的是要提高生产率和社会管理效率，创造出更多的社会财富，满足广大人民群众日益增长的物质、文化的需要。从长远看，改革会给人们带来巨大的利益，但从当前来看，从某一个局部、某一个阶段、某一个单位来看，难以使得每个单位、部门和个人同时得益，更难以保证人们均得益等，甚至还需要部分人牺牲个人利益。人们希望通过改革得到更多“实惠”的心情十分迫切，而对改革要做出的牺牲，则大多数人思想准备不足，想“得”却“失”的人便会产生抵触心理。

消除对于BIM技术的抵触心理方法之一，是让建筑业参与方了解BIM技术所带来的优势和效益。他们体会到引进BIM技术是“得”大于“失”的，他们会主动接受BIM技术。中国建筑业切身实际的BIM成功案例和经济效益分析可以为尚未引进BIM技术的企业和个人提供参考。政府和开发商研究自身的项目中所得到的“得”和“失”，与建筑业其他参与方共享。行业协会需要团结为中国建筑业提供交流的场所和机会，并担任宣传BIM技术的工作。

此外，建筑业企业和个人充分准备BIM技术所带来的管理和业务上的变化。企业引进BIM技术时，先在规模比较小的试点项目里运用BIM技术，尝试BIM技术，并熟悉它。如果能够对于BIM技术进行充分的准备，这将减少从传统工作模式向BIM工作模式的转变过程中所发生的抵触心理。

12. 保护数据模型内部的知识产权

BIM数据模型包括与建筑、结构、机械以及水电设备等各种专业有关的数据资源。数据模型除了这些专业的物理及非物理属性以外，还包括取得专利的新产品或者施工技术的信息。BIM数据模型是一种数据集成的数据库。模型里集成的数据越多，其应用范围越广，价值就越高。

由于BIM数据模型的完整度不仅仅取决于建模工作的精准度，还取决于数据模型内在的数据资源输入的情况。因此在BIM项目中，更多的项目参与方需要提供大量的数据资源。由于在BIM项目参与方之间使用BIM数据模型来进行协同工作，因此项目的一方提供的数据资源则容易被其他参与方所使用。如果项目参与方没有保护知识产权的意识，就难以保护其他参与方提供的数据模型里的知识产权。

政府加以强化保护个人和企业的数据资源的力量。通过设立检查BIM数据的技术部门，如知识产权局，设定标准判断项目中数据资源的不正确的使用、套用、盗用他人的数据的行为；再与行政和法律部门结合，建立配套的经济和行政上的惩罚措施，如罚款、公示、列入招标黑名单等；最终确立“上诉—审查—惩罚”

的机制。

在 BIM 项目中，建议业主方专门指定“数据模型管理员”来控制数据模型的滥用。他按使用者的专业和身份授权，在被许可的平台上允许使用其他使用者提供的数据模型。比如，“数据模型管理员”只允许结构设计师参考建筑和设备的数据模型，而不可改动模型里的任何属性。企业和个人都需要提高自身的防御意识，在 BIM 项目中互相监督，防止侵犯知识产权的行为。

13. 解决聘用 BIM 专家及咨询费用问题

据此项调查结果分析：除了业主之外，项目参与方大部分依靠自身的 BIM 团队来进行工作。然而，随着 BIM 项目数量的增加，现有用户对 BIM 技术的使用要求迅速增长时，将会出现对 BIM 外包服务的大量需求。当企业选择 BIM 外包服务时，他们会面临两个问题：第一费用的标准问题；第二费用承担问题。对于 BIM 外包服务的费用标准，目前还没有可以参考的。由于 BIM 技术服务的种类多，难以规定费用标准。依据 BIM 项目的实践经验来看，政府或者权威的企业研究机构需要为企业或者个人提供互相交流的平台，即分享有关BIM外包服务的信息，建立 BIM 外包服务的费用体系。

目前大部分工程项目中，是否使用 BIM 技术具有一定的选择性。在企业内部没有 BIM 团队的前提下，聘用 BIM 专家以及咨询会成为经济上的负担。在聘用 BIM 专家和咨询的过程中产生的费用应该由项目的参与方共同分担，特别是项目的业主方需要理解采用 BIM 技术所带来的经济效益，来分担其他项目参与方的经济压力。

14. 如何分担设计费用

由于中国施工图审查标准还是 2D 的，大部分设计工作还是以 2D 的绘图为主。在 BIM 项目的实施过程中，自然会出现传统的 2D 工作和 BIM 的 3D 工作相重复得现象，从而造成设计费用的增加。而且由于设计方直接承担软（硬）件的购买、计算机升级以及聘用 BIM 专家等的一系列费用，设计方向业主方要求更高的设计费合理的。

在BIM项目中各参与方都是BIM技术的受益者，因使用BIM技术而产生的费用应该由所有项目参与方共同承担。业主方也是BIM项目的直接受益者。借助于项目中BIM技术的应用，业主可以获得高质量、低成本的建筑设施，并且能够降低在项目结束后的运营和管理阶段所产生的费用。业主方作为项目的买方必须得考虑项目其他参与方在引进BIM技术时所承担的费用。政府或者企业制定BIM标准时，需要考虑BIM设计费的定价问题。为BIM项目的业主方提供使用BIM技术的支付标准。

15. 增强BIM技术的研究力量

中国拥有世界最大规模的建筑市场。虽然设计院、高校的研究所以及个人等在建筑业不同领域进行有关BIM技术的研究，但是其研究力度不够。在BIM技术的研究方面，政府机构可以起导向性的作用。在欧美发达国家的建筑业中，政府竭力帮助对于BIM技术方面的研究。为了强化BIM研究的力量，中国政府在这方面也可提供大力支持。比如，通过制定政策鼓励相关研究。政府机构也可以提供部分经费，补助企业和高校对BIM技术进行研究。政府还可以设立相应的科研奖项并帮助宣传优秀的研究成果，鼓励成果产业化。

在BIM研究中也需要企业的参与。企业在实施BIM项目的过程中可以进行相关的研究，得出宝贵的研究成果。从BIM项目中得到的这些研究成果可以直接应用到其他的BIM项目里，创造更多的经济效益。在研究BIM技术的路上对外的合作与交流是一种有效的方法，是实现BIM的一条最佳捷径。国外建筑业已经有几十年的研究历史，通过和他们的合作，可以切身感受到更为丰富的、更有深度的研究成果。在研究BIM技术的过程中，最重要的是政府、企业以及个人之间的交流。研究成果的共享能够推动BIM技术的普及和应用。

（二）促进中国建筑业BIM引进和应用的流程

通过文献调查、问卷调查以及专家访谈，可以得知BIM技术在中国建筑业中才刚刚起步，并且面临着众多的阻碍因素。目前中国建筑科学研究院和中国建筑设计研究院等中央企业、欧特克、广联达和鲁班等软件开发公司、中建国际设计顾问有限公司和北京市建筑设计研究院等建筑设计咨询机构以及一些高校正在推动中国建筑业引进并应用BIM技术，但是从整个中国建筑业BIM发展的现状来看，其推动力仍然不足。

BIM促进方案分成“推动BIM引进的阶段”“BIM应用的过渡阶段”以及“推动BIM应用的阶段”三个阶段。

第一阶段：在“推动BIM引进的阶段”中，最关键的是增加中国建筑市场对于BIM技术的需求量。由于政府具有直接带动建筑市场变化的优势，所以建议在政府在公共项目中率先规定使用BIM技术，要求项目参与方具有一定的BIM应用实力。同时，从项目立项开始，邀请研究机构进行对BIM技术的应用展开跟踪研究，其主要目的在于分析BIM技术所带来的经济效益。企业通过自身的试点项目尝试BIM项目，不仅仅提高技术上的操作能力，而且熟悉BIM工作模式以及业务流程。为了有效地实施BIM项目，政府的行业主管部门首先需要研制并颁发BIM标准和指南，建立BIM应用的框架。政府的标准和指南为企业和个人提供具体的BIM应用指导。

根据政府颁发的BIM标准和指南，按企业和项目的特殊要求，企业可以根据自身的情况编制企业BIM标准和指南。企业的BIM标准和指南包括更具体的BIM应用方法，比如，BIM应用的目的、使用BIM的主体、BIM应用范围、BIM模型建模方法、BIM模型详细程度、协同工作程序以及模型的评价方式等有关项目的BIM应用准则。同时，软件开发商需要提供切实可用的软件，以保证BIM项目正常运行。此阶段，由于缺乏可用的国内软件，可先使用从外国引进的BIM软件。在“推动BIM引进阶段”，建筑业各参与方之间，即政府、企业、个人以及行业协会等，需要以团体或者个人的方式进行交流并共享有关BIM技术的知识。在推动BIM引进的过程中，虽然政府和企业的项目在BIM技术的应用范围上会有一定的限制，但不管其项目的成果怎样，政府、企业以及个人都能够积累BIM项目的实践经验，而实践经验的互相交流和对BIM技术的定量分析以及结果的分享，都将会成为中国建筑业BIM引进的驱动力。

第二阶段：“BIM应用的过渡阶段”是政府、企业以及个人在引进BIM技术以后，适应BIM的工作模式以及业务流程的过渡阶段。借助于BIM实践经验和BIM效益的定量化进行评价，企业方面尤其是项目的业主方，了解并认可BIM技术的优点，从而开始要求项目参与方使用BIM技术。企业和个人在参与BIM项目的过程中积累一定的技术和管理方面的经验，潜移默化地适应BIM工作模式。通过BIM项目的参与和BIM技术的应用，企业和个人不仅得到一定的经济收益，而且也能够应对BIM技术所带来的变化，从而他们对BIM技术的抵触心理就会逐渐减少。

同时，“老设计员”通过参与BIM项目，也适应了BIM的3D思维模式。在“BIM应用的过渡阶段”，业主方对于BIM技术的认可、消除企业和个人的心理障碍以及向3D思维模式的转变都需要有足够的适应时间。

第三阶段：在“推动BIM应用的阶段”，关键是扩大政府和民营企业的项目中BIM的适用范围，还包括硬（软）件投资、教育体系的确立以及BIM合同文本的研制等。在扩大政府和民营企业的项目适用范围的过程中，把BIM标准和指南更具体化、更体系化。政府和企业对BIM项目的执行中所遇到的一系列问题进行详细分析并反映在BIM标准的指南里，补充并改正，使其完善。在进行BIM项目中，项目的业主方向BIM使用者提出了更高的要求，从而促使企业和个人具备更高水准的BIM操作和管理能力。企业通过对于员工的培训和再培训来培养BIM人才，而对于个人使用者来说也需要不断地开发自己的能力，来适应BIM的发展。

同时，BIM使用者对于软件功能的要求也需要提高。BIM软件不但需要满足使用者更为复杂的需求，而且要符合国内建筑业的使用标准。从长期的中国建筑业BIM发展的远景来看，国产BIM软件的开发是必需的环节。在开发国产BIM技术产品的过程中，政府对于软件盗版市场加以强化管制，保护开发商的权益。企业和个人基于健全的购买意识分担软件购买的费用，支持国产BIM软件的开发。

除了国产 BIM 软件以外，也需要研究符合中国建筑业的标准规范的 BIM 数据交换标准，以提高中国建筑业的国际竞争力。在 BIM 应用中所追加的硬件购买的费用、聘用 BIM 专家及咨询费用以及设计费用由所有项目参与方共同承担。尤其是项目的业主方按照其他参与方提供的 BIM 服务水平需要付相应的费用。通过企业和个人的投资，坚定 BIM 应用的物理环境基础。政府和项目的业主可以采取奖励政策，扩大 BIM 使用者的范围。比如，选定承包商的时候，采用加分制，鼓励项目参与方使用 BIM 技术。或者对他们进行强制性的要求来促使项目参与方使用 BIM 技术。

随着 BIM 项目数量的增加，对于 BIM 人力资源的需求也在增加。公共教育部门确立 BIM 教育体系，从在校的学生开始进行基于 BIM 技术的教育，培养 BIM 技术的人才，而私人教育机构也与公共教育部门同步，承担 BIM 人才培养的工作，以为 BIM 研究和应用提供丰富的人力资源。

在 BIM 项目中，基于 BIM 技术的协同工作，因此数据模型里的知识产权存在被误用、套用以及盗用的可能性。为了保护项目参与方所提供的信息，政府和企业在 BIM 项目中专门聘用管理员来防止数据模型的不正确使用、套用和盗用。政府通过设立检查 BIM 数据的技术部门来制定判断标准、接受投诉、解决争端、实施经济和行政上的处罚。为了促进数据资源的交流和分享，企业和个人需要保持积极的、开放的态度，但是也需要保护自身的权益。在与合作伙伴进行交流并分享信息的同时，要提高自身的防御意识，在 BIM 项目中互相监督，防止侵犯他人知识产权的行为。

为了推动更多企业和个人的参与，政府委托行业协会和研究机构共同制定 BIM 标准合同文本。在制定合同文本的过程中，建筑业的所有领域参与并提出自己的意见和要求，都反映在 BIM 标准合同文本中。政府和企业在自身 BIM 项目中使用 BIM 标准合同文本，从而把所发现的问题进行反馈，来完善 BIM 标准合同。在 BIM 标准合同文本中有必要制定有关 BIM 数据模型的条款，条款应包括数据模型的所有权及责任方等问题，从而应对一些 BIM 项目中所出现的争议问题。

从长远方面来考虑，需要建立BIM项目的争议处理机制。总而言之，促进中国建筑业BIM引进和应用需要政府、企业以及个人三方的共同努力。在促进过程中，政府、企业以及个人有阶段性地、有针对性地应对所面临的问题，才能奠定中国建筑业BIM引进和应用的基础。

第六章　BIM 技术的未来展望

BIM技术的应用推广在我国还属于初级阶段，其发展受到了许多的阻碍，政府相关人员以及部门要加大对BIM技术的研发和推广应用的投入，而企业自身同时要做好各种技术的创新，并且需要对相应的工作人员进行BIM技术培训和学习，在本章中，我们将深入分析了我国目前BIM技术推广应用中遇到的一系列的问题，同时也针对这些问题提出相关解决的办法，希望能够给BIM技术在项目管理中的发展以及推广和应用提供一些力所能及的帮助。

第一节 BIM技术的推广

建筑信息模型是应用于建筑行业的新技术，为建筑行业的发展提供了新动力。但是由于BIM技术在我国发展比较晚，国内建筑行业没有规范的BIM标准，技术条件的局限性，中国建筑业BIM技术的应用推广遇到了阻碍，很难进一步研究与发展，需要政府制定相应政策推动其发展。本节分析了国内建筑行业BIM技术的应用现状，对BIM技术的特点进行了讨论，寻找限制BIM技术应用的主要阻碍因素，并制定出相关的解决方案，为推动BIM技术在国内建筑业应用提供指导。

一、项目管理中BIM技术的推广

（一）BIM技术的综述

1.BIM技术的概念

BIM其实就是指建筑信息模型，它是以建筑工程项目的相关图形和数据作为其基础而进行模型的建立，并且通过数字模拟建筑物所具有的一切真实的相关的信息。BIM技术是一种应用于工程设计建造的数据化的一种典型工具，它能够通过各种参数模型对各种数据进行一定的整合，使得收集的各个信息在整个项目的周期中的得到共享和传递，对提高团队的协作能力以及提高效率和缩短工期都有积极的促进的作用。

2. 项目管理的概念

项目管理其实就是管理学的一个分支，它是指在有限的项目管理资源的情形下，管理者运用专门的技能、工具、知识和方法对项目的所有工作进行有效的、合理的管理，来充分实现当初设定的期望和需求。

3. 项目管理中 BIM 技术的推广的现状

虽然 BIM 技术的应用推动和促进了建筑业的各项发展，但是当前技术仍然存在着诸多问题，这些问题也在 BIM 技术的推广和实际应用中产生了极为严重的影响。在我国因为 BIM 技术刚刚出现且尚未成熟，因此许多技术人员不能够全面掌握该项技术，另外，我国应用该项目的也不很多，技术人员们也就不太愿意花费诸多的精力来掌握 IBM 技术。同时 BIM 开发成本过高所也导致其售价颇高，也使得众多的技术人员望而却步。而高素质的、高技能的技术人员的缺乏长期以来都是 BIM 技术推广与应用所面临的一项重大的问题。

（二）项目管理中 BIM 技术推广存在的问题

1.BIM 专业技术人员的匮乏

BIM 技术所涉及的知识面非常广泛，因此，需要培养专门的技术人员对 BIM 转件进行系统操作，而目前，我国 BIM 技术的应用推广还属于初级发展阶段，大多数的建筑企业的项目中还没有运用到该项技术，这也使得相关的人员不愿意花更多的时间和费用来进行 BIM 技术的学习和培训，而技术员的匮乏确实就大大地阻碍了 BIM 技术的应用和推广。

2.BIM 软件开发费用高

因为其研发成本很高，政府部门对 BIM 软件的研发的资金投入就非常的不足，相较于其他的行业，资金投入量太少，这就严重阻碍了 BIM 技术的应用和推广。BIM 的软件和核心技术是被美国垄断了的，所以我国如果需要这些软件和技术，就不得不花费非常高额的代价从国外引进。

3. 软件兼容性差

由于基础软件的兼容性差，就会导致不同企业的操作平台的BIM系统在操作的时候就对软件的选择时存在很大的差异，这也大大地阻碍了BIM技术的应用推广。目前，对于绝大多数的软件，在不同的系统中运行的时候需要重新进行编译工作，非常繁琐。甚至，有些软件为了适应各种不同的系统，还需要重新开发或者是发生非常大的更改。

4.BIM技术的利益分配不平衡

BIM技术在项目管理中的应用需要多个团体的分工合作，包括施工单位、业主、规划设计单位和监理单位等等。各个团体虽然是相互独立的，但是BIM技术又会使得这些相应的团体形成一个统一体，而各个团体之间的利益分配是否平衡对于BIM技术的应用有非常大的影响。

（三）BIM技术的特点

1. 模拟性

模拟性是其最具有实用性的特点，BIM技术在模拟建筑物模型的时候，还可以模拟确切的一系列的实施活动，例如，可以模拟日照、天气变化等状况，也可以模拟当发生危险的时候，人们的撤离的情况等。而模拟性的这一特性让工作者在设计建筑时更加具有方向感，能够直观地、清楚地明白各种设计的缺陷，并通过演示的各个特殊的情况，对相应的设计方案做出一些改变，让自己所设计出的建筑物更加具有较强的科学性和实用性。

2. 可视化

BIM技术中最具代表性的特点则是可视化，这也是由它的工作原理而决定的。可视化的信息包括3个方面的内容：三维几何信息、构件属性信息以及规则信息。而其中的三维几何信息却是早已经已经被人们所熟知的一个领域了，这里不一的做过多的介绍。

3. 可控性

而其可控性就更加体现得淋漓尽致，依靠 BIM 信息模型能实时准确地提取各个施工阶段的材料与物资的计划，而施工企业在施工中的精细化管理中却比较难实现，其根本性的原因在于工程本身的海量的数据，而 BIM 的出现则可以让相关的部门更加快速地、准确地获得工程的一系列的基础数据，为施工企业制定相应的精确的机、人、材计划而提供有效、强有力的技术支撑，减少了仓储、资源、物流、环节的浪费，为实现消耗控制以及限额领料提供强有力的技术上的支持。

4. 优化性

不管是施工还是设计又或是运营，优化工作就一直都没有停止，在整个建筑工程的过程中都在进行着优化的工作，优化工作有了该技术的支撑就更加地科学、方便。影响优化工作的 3 个要素为复杂程度、信息与时间。而当前的建筑工程达到了非常高的复杂的程度，其复杂性仅仅依靠工作人员的能力是无法完成的，这就必须借助一些科学的设备设施才能够顺利地完成优化工作。

5. 协调性

协调性则是作为建筑工程的一项重点内容，在 BIM 技术中也有非常重要的体现。在建筑工程施工的过程中，每一个单位都在做着各种协调工作，相互之间合作、相互之间交流，目的就是通过大家一起努力，让建筑工程可以胜利完成，而其中只要出现问题，就需要进行协调来解决，这时就需要考量，通过信息模拟在建筑物建造前期对各个专业的碰撞问题进行专业的协调和一系列的模拟，生成相应的协调数据。

（四）项目管理者 BIM 技术推广应用的策略

1. 成立 BIM 技术顾问服务公司

我国的软件公司集推广、开发和销售于一体，彼此之间并没有明确的分工，而导致各部门之间职责界限不清楚，工作效率也非常低下。而 BIM 技术顾问服务公司成立之后，主要负责销售和推广的工作，更会尤其注重该技术的推广和发展。而软件公司也可以和BIM技术顾问服务公司一起注重BIM技术的推广和发展。主要负责销售和推广工作，更加注重BIM技术的各种形式的推广。

2. 政府要扶植BIM技术的推广

在我国存在缺乏核心竞争力和软件发开费用高的问题，政府就应该相应加大财政资金投入，增加研发费用，扶植BIM技术的推广和开发。自主研究BIM的核心的技术，避免高价向国外引进技术的这种非常尴尬的局面。同时我们还可以聘请高水准的国外的专家对我们国内的建筑企业进行BIM专业培训。

3. 提高BIM软件的兼容性

当下大多数的软件需要在各种不同的操作平台上进行操作，甚至有些软件需要重新编译和编排，这就给用户带来非常多的困难。而与发达国家相比，我国企业对BIM研发和使用就存在合理使用造成机械设备故障。

4. 加强BIM在项目中的综合运用

BIM技术应该在项目管理中的实践中去充分得运用，加强对各个项目的统筹规划、对项目的一些辅助设计和对工程的运营，从而来实现BIM技术在项目管理中的一系列的综合运用。而要使BIM技术在项目管理中发挥出更加强大的效用，建筑单位就必须建立一系列的动态的数据库，将更多的实时数据接入BIM的系统，并且对管理系统进行定期的维护和管理。

二、BIM技术在国内外发展现状

（一）BIM技术在国外发展现状

BIM在国外发展比较早，美国总务管理局(General Services Administration，GSA)于2003年推出了国家3D－4D－BIM计划，并发布了相应的BIM指南，2007年，美国建筑科学研究院推出全美BIM标准。根据调研，截至2012年，美国建设工程项目采用BIM的比例达到71%。在北欧四国（瑞典、芬兰、挪威、丹麦）政府虽然没有强制要求应用BIM技术，但是建筑企业都主动应用BIM技术以提高企业的经济效益，BIM规划、战略、标准、法规等相继出台。英国政府要求政府型项目必须应用BIM技术，且相关文件明确指出：到2018年，必须全面运用3D·BIM实行现代信息化的项目管理。在日本，2009年被定义为日本的“BIM元年”，2010年3月，日本的国土交通厅宣布推行BIM技术，BIM的应用已经推广到全国范围，在建筑信息技术方面也开发了较多的国产软件。在韩国，多个政府部门都致力于制定BIM的标准，2010年1月，国土海洋部发布了《建筑领域BIM应用指南》。

（二）BIM技术在国内发展现状

我国接触BIM技术比较晚，大概是2003年正式引进BIM技术，且目前研究还只局限于对BIM的概念性介绍和局部运用。2010年，中国房地产协会发布了《中国商业地产BIM应用研究报告》，用于指导BIM技术在商业地产领域的应用和发展。2011年5月，住建部发布了《2011～2015年建筑业信息化发展纲要》。2015年，住建部发布了《关于推进建筑信息模型应用的指导意见》，明确提出，到2020年末，建筑行业甲级勘察、设计单位以及特级、一级房屋建筑工程施工企业应掌握BIM技术，信息化集成应用BIM的建设项目比率达到90%。上海市、天津市、深圳市、广东省、湖南省、河北省等地区人民政府参照国家指导意见制订了本地化的BIM相关政策，BIM技术推广的力度加大。2016年1月25日，“2016年BIM研究和应用技术专委会专家年会”在北京召开，集结了全国从事BIM研究和应用的专家，总结过去所取得的成绩，共同探讨并把握BIM技术的前沿研究方向和发展趋势。

国内对于BIM技术的应用还只是针对一些大型建设项目，比如国家体育场“鸟巢”、上海迪士尼乐园、上海中心大厦等，在应用BIM技术的过程中也出现了或多或少的问题。关于BIM技术相关软件，我们更多的是使用国外软件，例如Auto Revit等，鲁班、广联达等公司一直致力于BIM软件开发，但进展不尽如意，而国外软件与国内软件的兼容性问题一直限制着国内BIM技术发展。

三、BIM 在国内的发展阻碍以及应对建议

（一）BIM 技术在国内的推广阻碍因素

通过 BIM 的宣传介绍以及国内外应用 BIM 技术的一些大型项目案例，我们都能深刻体会 BIM 的价值。宏观上，BIM 能贯彻到建筑工程项目的设计、招投标、施工、运营维护以及拆除阶段全生命周期，有利于对成本、进度、质量 3 大目标的控制，提高整个建设项目的经济效益。微观上，BIM 的功能包含 4D 和 5D 模拟、3D 建模和碰撞检测、材料统计和成本估算、施工图及预制件制造图的绘制、能源优化、设施管理和维护等。在国内，推广 BIM 技术以及运用 BIM 的建设工程项目案例当中，我们会发现很多阻碍 BIM 发展的因素，通过分析总结，包括法律、经济、技术、实施、人员 5 个方面，为了进一步了解以上阻碍因素对 BIM 技术在国内发展的影响程度，采取了问卷调查的方式，由房地产建筑行业的 BIM 专家进行作答，并采用 SPSS 分析法对以上阻碍因素按影响程度进行排序，总结出以下 16 个关键阻碍因素：

1. 缺少实施的外部动机；2. 缺少全国性的 BIM 标准合同示范文本；3. 对分享数据资源持有消极态度；4. 经济效益不明显；5. 国内 BIM 软件开发程度低；6. 没有统一的 BIM 标准和指南；7. 未建立统一的工作流程；8. 业务流程重组的风险；9. 未健全 BIM 项目中的相关方争议处理机制；10. 缺少 BIM 软件的专业人员；11. 缺乏系统的 BIM 培训课程和交流学习平台；12. 各专业之间协作困难；13. 缺少保护 BIM 模型的知识产权的法律条款与措施；14. 与传统的 2D、3D 数据不兼容，工作量增大；15. 国内缺少对 BIM 技术的实质性研究；16. 应用 BIM 技术的目标和计划不明确。针对以上的 16 个关键阻碍因素，可根据内外部因素分类，说明外部和内部因素对 BIM 技术在国内推广的阻碍程度是差不多的，所以需要同时重视内外部阻碍因素，双管齐下，方能从根本上解决推进 BIM 技术在国内建筑行业的应用问题。

（二）促进 BIM 技术推广的建议

针对目前我国建筑业 BIM 技术应用推广存在的关键阻碍因素，结合诸多学者提出的促进方案和发展战略，以及访谈专家，总结出以下建议。

1. 法律方面

经过这几年的发展，BIM 技术已然成为建筑业的热门话题，住建部也发文推进建筑信息模型的应用，但仍没有实质性的推广措施。当前，政府应制定统一的 BIM 标准和指南以及合同示范文本，以便全国各地区参考并推广。相关法律部门应该针对 BIM 技术的特点，制定保护 BIM 模型的知识产权的法律条款与措施，健全 BIM 项目中的相关方争议处理机制等相关法律法规，营造一个有益于 BIM 技术推广的法律环境。

2. 经济方面应用

BIM 技术的目的在于对建筑工程项目的成本、进度、质量 3 大目标以及全生命周期的控制，可能存在经济效益不明显、投资回报期比较长等问题，项目各参与方应从本质上认识到 BIM 的价值，投入一定的资金和时间，团结合作，从而优化整个建设项目的经济效益。

3. 技术方面

在技术层面，我国对 BIM 的掌握还处于初级阶段，不能只停留在 BIM 的概念介绍、3D 效果演示、碰撞识别等浅层次应用，政府应加大对 BIM 技术的实质性研究，研发适应我国建筑行业的 BIM 软件，完善构建 BIM 模型的数据库，建立 BIM 技术交流平台，创造良好的技术环境。项目各参与方应当正确认识 BIM 的价值，改变思维方式，尝试分享数据资源，顾全大局，促成共赢。

4. 实施方面

在 BIM 技术推广的实施过程中，我国建筑行业遇到很多问题。政府和业主应该运用自己的优势，为建筑企业等项目相关方创造足够的外部动力，建立统一的工作流程。项目各参与方应壮大自己的 BIM 技术力量，制定应用 BIM 技术的目标和计划，消除业务流程重组的风险，加强各专业的交互性，携手共进。

5. 人员方面

随着BIM项目数量增加以及项目的复杂程度提升，对BIM人才数量和质量的要求也随之提高。高校作为建筑人才输送的重要场所，应该设立相关的BIM课程，并定期组织学生前往BIM项目积累实践经验，以满足建筑行业的需求。此外，建筑行业相关部门应该在社会上建立系统的BIM培训课程和交流学习平台，以供企业人员学习与提升，壮大BIM技术人员的队伍，并参与到BIM项目的建设当中去。

第二节 BIM技术在建筑施工领域的发展

BIM技术的发展不仅仅只是特定的领域或者特定的组织熟练应用的一本技术，更不指某些项目工程的成功应用。实现BIM技术的发展，应该提升整个建筑业的BIM应用水平，让所有的建筑业参与方能够普遍地、充分地利用BIM技术，以提高工作效率、减少资源浪费，从而达到创新和环保的目的，这才是BIM发展的核心。

一、对于关键阻碍因素的应对方案

（一）保护数据模型内部的知识产权

BIM数据模型包括与建筑、结构、机械以及水电设备等各种专业有关的数据资源。数据模型除了这些专业的物理及非物理属性以外，还包括取得专利的新产品或者施工技术的信息。BIM数据模型是一种数据集成的数据库。模型里集成的数据越多，其应用范围越广，价值就越高。由于BIM数据模型的完整度不仅仅取决于建模工作的精准度，还取决于数据模型内在的数据资源输入的情况。因此在BIM项目中，更多的项目参与方需要提供大量的数据资源。由于在BIM项目参与方之间使用BIM数据模型来进行协同工作，因此项目的一方提供的数据资源则容易被其他参与方所使用。如果项目参与方没有保护知识产权的意识，就难以保护其他参与方提供的数据模型里的知识产权。

政府加以强化保护个人和企业的数据资源的力量。通过设立检查BIM数据的技术部门，如知识产权局，设定标准判断项目中数据资源的不正确的使用、套用、盗用他人的数据的行为；再与行政和法律部门结合，建立配套的经济和行政上的惩罚措施，如罚款、公示、列入招标黑名单等；最终确立“上诉－审查－惩罚”的机制。

在BIM项目中，建议业主方专门指定“数据模型管理员”来控制数据模型的滥用。他按使用者的专业和身份授权，在被许可的平台上允许使用其他使用者提供的数据模型。比如，“数据模型管理员”只允许结构设计师参考建筑和设备的数据模型，而不可改动模型里的任何属性。企业和个人都需要提高自身的防御意识，在BIM项目中互相监督，防止侵犯知识产权的行为。

（二）解决聘用BIM专家及咨询费用问题

据此项调查结果分析：除了业主之外，项目参与方大部分依靠自身的BIM团队来进行工作。然而，随着BIM项目数量的增加，现有用户对BIM技术的使用要求迅速增长时，将会出现对BIM外包服务的大量需求。当企业选择BIM外包服务时，他们会面临两个问题：1. 费用的标准问题；2. 费用承担问题。

对于BIM外包服务的费用标准，目前还没有可以参考的。由于BIM技术服务的种类多，难以规定费用标准。依据BIM项目的实践经验来看，政府或者权威的企业研究机构需要为企业或者个人提供互相交流的平台，即分享有关BIM外包服务的信息，建立BIM外包服务的费用体系。

目前大部分工程项目中，是否使用BIM技术具有一定的选择性。在企业内部没有BIM团队的前提下，聘用BIM专家以及咨询会成为经济上的负担。在聘用BIM专家和咨询的过程中产生的费用应该由项目的参与方共同分担，特别是项目的业主方需要理解采用BIM技术所带来的经济效益，来分担其他项目参与方的经济压力。

（三）如何分担设计费用

由于中国施工图审查标准还是2D的，大部分设计工作还是以2D的绘图为主。在BIM项目的实施过程中，自然会出现传统的2D工作和BIM的3D工作相重复得现象，从而造成设计费用的增加。而且由于设计方直接承担软（硬）件的购买、计算机升级以及聘用BIM专家等的一系列费用，设计方向业主方要求更高的设计费合理的。

在BIM项目中各参与方都是BIM技术的受益者。因使用BIM技术而产生的费用应该由所有项目参与方共同承担。业主方也是BIM项目的直接受益者。借助于项目中BIM技术的应用，业主可以获得高质量、低成本的建筑设施，并且能够降低在项目结束后的运营和管理阶段所产生的费用。业主方作为项目的买方必须得考虑项目其他参与方在引进BIM技术时所承担的费用。政府或者企业制定BIM标准时，需要考虑BIM设计费的定价问题。为BIM项目的业主方提供使用BIM技术的支付标准。

（四）增强BIM技术的研究力量

中国拥有世界最大规模的建筑市场。虽然设计院、高校的研究所以及个人等在建筑业不同领域进行有关BIM技术的研究，但是其研究力度不够。

在BIM技术的研究方面，政府机构可以起导向性的作用。在欧美发达国家的建筑业中，政府竭力帮助对于BIM技术方面的研究。为了强化BIM研究的力量，中国政府在这方面也可提供大力支持。比如，通过制定政策鼓励相关研究。政府机构也可以提供部分经费，补助企业和高校对BIM技术进行研究。政府还可以设立相应的科研奖项并帮助宣传优秀的研究成果，鼓励成果产业化。在BIM研究中也需要企业的参与。企业在实施BIM项目的过程中可以进行相关的研究，得出宝贵的研究成果。从BIM项目中得到的这些研究成果可以直接应用到其他的 BIM 项目里，创造更多的经济效益。

在研究 BIM 技术的路上对外的合作与交流是一种有效的方法，是实现 BIM 的一条最佳捷径。国外建筑业已经有几十年的研究历史，通过和他们的合作，可以切身感受到更为丰富的、更有深度的研究成果。在研究 BIM 技术的过程中，最重要的是政府、企业以及个人之间的交流。研究成果的共享能够推动 BIM 技术的普及和应用。

二、建筑施工安全管理中 BIM 技术的运用

科学技术和经济的发展让建筑行业越来越意识到建筑施工安全管理的重要性，开展建筑施工安全管理不仅能保障施工安全，更能保障建筑的质量和延长使用年限。同时，开展建筑施工安全管理是国家要求，也是对建筑行业负责。但是，即使越来越多的建筑企业意识到建筑施工安全管理的重要性，仍有部分建筑企业片面追求经济效益和节约成本，不顾施工安全和施工质量，导致了大量的建筑施工事故发生，这些事故给人民生命财产造成重大损失，产生了不良的社会影响，也阻碍了企业的经营和发展。在这样的前提下，BIM 技术应运而生，将 BIM 技术运用于建筑工程中，不仅能保障施工安全，更能保障建筑质量。为此，笔者查阅大量的资料，并聆听了多次 BIM 推广讲座之后，简要阐述建筑施工安全管理和 BIM 的相关概念，分析当前我国建筑行业在施工安全管理过程中存在的问题，结合 BIM 技术，探讨 BIM 技术在建筑施工安全管理过程中的运用。

BIM 技术是 CAD 技术之后又一项在建筑行业领域被广受关注的计算机应用技术，随着 BIM 技术的推广，它将代替 CAD 技术在建筑工程行业中普及，并为设计和施工提供使用价值。BIM 技术逐渐取代了 CAD 技术，BIM 技术可以将工程项目的规划、设计、施工等流程通过三维模型实现资源共享，在完成三维模型的过程中，BIM 技术还可以对整个建筑项目进行预算，预测工程项目实施过程中可能存在的问题及风险性，它的这一功能，为工程设计解决方案提供了参考价值，减少了工程施工过程中可能产生的损失，同时提高了效果，缩短工程流程。由此

可知，BIM技术可以运用到整个工程项目的生命周期，即勘察、设计阶段，运行、维护阶段以及改造、拆除等三个阶段。BIM技术可以在工程项目的整个生命周期实现建立模型、共享信息以及应用，保持各个施工单位的协调一致。

BIM技术可以对工程项目的建筑、结构、设备工程等进行设计，在设计过程中BIM技术建立三维模型，实现每个环节之间的共享。例如设计方按照客户要求完成建筑模型的建立后，可以将建筑模型转交给结构工程师，让结构工程师在原有基础上进一步设计。设计之后，再转交设备设计工程师，工程师将设计数据录入。在这一过程中，每个环节衔接顺畅，且效率较快。在以往的工程项目设计过程中，设计方、结构工程师分属不同的企业或部门，两者由于某些因素的制约难以时时进行交流，因而在进行工程项目设计中，也容易出现意见分歧问题，而BIM技术的引进，为两者建立了沟通桥梁，同时，BIM技术的引进，更让工程项目的设计流程更加的有顺序和规范化。

在传统的手绘图纸中，一般需要借助二维软件（autocad）完成工程设计图，二维设计图完成后再导入3Dmax软件进行三位模型构建，这一设计过程不仅浪费时间，更浪费资源。而利用BIM技术可以直接跳过二维图纸设计，利用BIM相关技术直接完成三维模型构建，既节省了时间，又避免重复工作。使用BIM技术软件可以对设计过程中出现的问题进行审核和纠正，也可以自动将三维数据导入各个分析软件中。如对绿色建筑等进行模拟分析。BIM技术能实现快速建立工程模型，预算工程所需要成本，协助工程造价师完成工程的预算、估算等。总之，在工程项目的设计阶段，应用BIM技术不仅可以规范项目设计流程，简化设计过程，更可以针对设计过程中出现的问题及时纠正，辅助工程造价师对工程进行预算。

BIM技术完成了三维模型后，对整个工程建筑进行了虚拟构建。虚拟构建建筑最主要的目的是对整个建筑施工过程进行演示，及时发现施工过程中的问题，结合问题及时改进。例如在建筑模拟构建过程中，构件出现问题，特别是各专业之间的碰撞问题，可以及时提出解决方案，并更改设计方案，避免实际施工过程中出现问题，这样的演示方式不仅节省了工程实际施工时间，更节约了成本，短缩了工期。而在传统的工程施工阶段，由于没有引进BIM技术，难以发现工程后期可能存在的施工问题，在正式施工之后，也会出现种种预料不及的问题，这些问题的出现，不仅打乱工程进度，更影响工程项目质量。将BIM技术引进工程项目的施工阶段，可以预示工程施工中可能存在的问题，降低施工事故发生概率。

BIM技术在工程的运维阶段主要应用在几个方面，第一，有利于建筑管理，增加建筑商业价值。现当代建筑为了满足经济需要楼层建设往往比较高，且每一楼层为了满足不同的需求设计也不同，BIM技术的引进方便对每一楼层进行管理，BIM技术可以模拟再现每一楼层的结构和框架；第二，前期整合信息为后期运维提供保障和支持。在建筑施工前期，利用BIM技术建模后可以保留建筑的相关信息资料，当建筑投入使用之后出现问题，可以使用BIM技术保留的相关信息对建筑进行维护；第三，BIM技术提供和互联网接口。BIM技术需要三维数字设计和工程软件支持，同时它支持和互联网进行连接，BIM技术和互联网连接后可以将建筑结构展示在屏幕中，全面地展示建筑的相关信息；第四，运营过程中利用BIM技术可以获取故障发生在建筑物里面的方位，便于尽快的解决问题。BIM技术不仅具有CAD技术的功能，更具有定位功能，将建筑建设完毕投入使用之后，若出现问题，BIM技术可以快速准确地定位故障点，为故障的处理提供指导。

经济的发展推动了我国建筑行业的发展，它们在面临机遇的同时势必面临竞争和挑战，建筑行业在生产运营过程中，必须将安全生产放在首位。利用BIM技术，将BIM技术投入到建筑施工过程的设计阶段、施工阶段以及运维阶段，只有将BIM技术全面地应用到建筑施工项目的整个施工周期中，才能保障建筑施工项目的安全施工，也才能保证建筑施工项目的质量。但需提出的一点是，BIM技术虽然有诸多优点，也不乏缺点。在BIM技术下，当前大多数建筑施工企业利用BIM技术的便利直接设计工程图纸，减少专业人才和技术人才的投入使用，这一现状无疑会使我国建筑专业设计师面临挑战。同时，大多数建筑企业在应用BIM

技术时，没有意识到BIM技术只是辅助工具，混淆了专业人才和BIM技术的地位和价值。建筑企业必须认识到，在建筑施工安全管理过程中，必须坚持专业人才为主导，BIM技术为辅助手段，只有这样，才能更好地发挥BIM技术的作用。

三、促进中国建筑业BIM引进和应用的流程

通过文献调查、问卷调查以及专家访谈，可以得知BIM技术在中国建筑业中才刚刚起步，并且面临着众多的阻碍因素。目前中国建筑科学研究院和中国建筑设计研究院等中央企业、欧特克、广联达和鲁班等软件开发公司、中建国际设计顾问有限公司和北京市建筑设计研究院等建筑设计咨询机构以及一些高校正在推动中国建筑业引进并应用BIM技术，但是从整个中国建筑业BIM发展的现状来看，其推动力仍然不足。

研究根据关键阻碍因素的15个应对方案和5个“阻碍因素”的特点，提出了促进中国建筑业BIM引进和应用的阶段流程。BIM促进方案分成“推动BIM引进的阶段”“BIM应用的过渡阶段”以及“推动BIM应用的阶段”三个阶段。

第一阶段：在“推动BIM引进的阶段”中，最关键的是增加中国建筑市场对于BIM技术的需求量。由于政府具有直接带动建筑市场变化的优势，所以建议在政府在公共项目中率先规定使用BIM技术，要求项目参与方具有一定的BIM应用实力。同时，从项目立项开始，邀请研究机构进行对BIM技术的应用展开跟踪研究，其主要目的在于分析BIM技术所带来的经济效益。企业通过自身的试点项目尝试BIM项目，不仅仅提高技术上的操作能力，而且熟悉BIM工作模式以及业务流程。为了有效地实施BIM项目，政府的行业主管部门首先需要研制并颁发BIM标准和指南，建立BIM应用的框架。政府的标准和指南为企业和个人提供具体的BIM应用指导。

根据政府颁发的BIM标准和指南，按企业和项目的特殊要求，企业可以根据自身的情况编制企业BIM标准和指南。企业的BIM标准和指南包括更具体的BIM应用方法，比如，BIM应用的目的、使用BIM的主体、BIM应用范围、BIM

模型建模方法、BIM 模型详细程度、协同工作程序以及模型的评价方式等有关项目的 BIM 应用准则。同时，软件开发商需要提供切实可用的软件，以保证 BIM 项目正常运行。此阶段，由于缺乏可用的国内软件，可先使用从外国引进的 BIM 软件。在“推动 BIM 引进阶段”，建筑业各参与方之间，即政府、企业、个人以及行业协会等，需要以团体或者个人的方式进行交流并共享有关 BIM 技术的知识。在推动 BIM 引进的过程中，虽然政府和企业的项目在 BIM 技术的应用范围上会有一定的限制，但不管其项目的成果怎样，政府、企业以及个人都能够积累 BIM 项目的实践经验，而实践经验的互相交流和对 BIM 技术的定量分析以及结果的分享，都将会成为中国建筑业 BIM 引进的驱动力 (Driving force)。

第二阶段：“BIM 应用的过渡阶段”是政府、企业以及个人在引进 BIM 技术以后，适应 BIM 的工作模式以及业务流程的过渡阶段。借助于 BIM 实践经验和 BIM 效益的定量化进行评价，企业方面尤其是项目的业主方，了解并认可 BIM 技术的优点，从而开始要求项目参与方使用 BIM 技术。企业和个人在参与 BIM 项目的过程中积累一定的技术和管理方面的经验，潜移默化的适应BIM工作模式。通过 BIM 项目的参与和 BIM 技术的应用，企业和个人不仅得到一定的经济收益，而且也能够应对 BIM 技术所带来的变化，从而他们对 BIM 技术的抵触心理就会逐渐减少。同时，“老设计员”通过参与 BIM 项目，也适应了 BIM 的 3D 思维模式。在“BIM 应用的过渡阶段”，业主方对于 BIM 技术的认可、消除企业和个人的心理障碍以及向 3D 思维模式的转变都需要有足够的适应时间。

第三阶段：在“推动 BIM 应用的阶段”，关键是扩大政府和民营企业的项目中 BIM 的适用范围，还包括硬（软）件投资、教育体系的确立以及 BIM 合同文本的研制等。在扩大政府和民营企业的项目适用范围的过程中，把 BIM 标准和指南更具体化、更体系化。政府和企业对 BIM 项目的执行中所遇到的一系列问题进行详细分析并反映在 BIM 标准的指南里，补充并改正，使其完善。在进行 BIM 项目中，项目的业主方向 BIM 使用者提出了更高的要求，从而促使企业和个人具备更高水准的 BIM 操作和管理能力。企业通过对于员工的培训和再培训来培养BIM人才，而对于个人使用者来说也需要不断地开发自己的能力，来适应BIM的发展。

同时，BIM使用者对于软件功能的要求也需要提高。BIM软件不但需要满足使用者更为复杂的需求，而且要符合国内建筑业的使用标准。从长期的中国建筑业BIM发展的远景来看，国产BIM软件的开发是必须的环节。在开发国产BIM技术产品的过程中，政府对于软件盗版市场加以强化管制，保护开发商的权益。企业和个人基于健全的购买意识分担软件购买的费用，支持国产BIM软件的开发。除了国产BIM软件以外，也需要研究符合中国建筑业的标准规范的BIM数据交换标准，以提高中国建筑业的国际竞争力。

在BIM应用中所追加的硬件购买的费用、聘用BIM专家及咨询费用以及设计费用由所有项目参与方共同承担。尤其是项目的业主方按照其他参与方提供的BIM服务水平需要付相应的费用。通过企业和个人的投资，坚定BIM应用的物理环境基础。政府和项目的业主可以采取奖励政策，扩大BIM使用者的范围。比如，选定承包商的时候，采用加分制，鼓励项目参与方使用BIM技术。或者对他们进行强制性的要求来促使项目参与方使用BIM技术。

随着BIM项目数量的增加，对于BIM人力资源的需求也在增加。公共教育部门确立BIM教育体系，从在校的学生开始进行基于BIM技术的教育，培养BIM技术的人才，而私人教育机构也与公共教育部门同步，承担BIM人才培养的工作，以为BIM研究和应用提供丰富的人力资源。

在BIM项目中，基于BIM技术的协同工作，因此数据模型里的知识产权存在被误用、套用以及盗用的可能性。为了保护项目参与方所提供的信息，政府和企业在BIM项目中专门聘用管理员来防止数据模型的不正确使用、套用和盗用。政府通过设立检查BIM数据的技术部门来制定判断标准、接受投诉、解决争端、实施经济和行政上的处罚。为了促进数据资源的交流和分享，企业和个人需要保持积极的、开放的态度，但是也需要保护自身的权益。在与合作伙伴进行交流并分享信息的同时，要提高自身的防御意识，在BIM项目中互相监督，防止侵犯他人知识产权的行为。

为了推动更多企业和个人的参与，政府委托行业协会和研究机构共同制定BIM标准合同文本。在制定合同文本的过程中，建筑业的所有领域参与并提出自己的意见和要求，都反映在BIM标准合同文本中。政府和企业在自身BIM项目中使用BIM标准合同文本，从而把所发现的问题进行反馈，来完善BIM标准合同。在BIM标准合同文本中有必要制定有关BIM数据模型的条款，条款应包括数据模型的所有权及责任方等问题，从而应对一些BIM项目中所出现的争议问题。从长远方面来考虑，需要建立BIM项目的争议处理机制。

总而言之，促进中国建筑业BIM引进和应用需要政府、企业以及个人三方的共同努力。在促进过程中，政府、企业以及个人有阶段性地、有针对性地应对所面临的问题，才能奠定中国建筑业BIM引进和应用的基础。

参考文献

[1] 龙绛珠,张志斌.基于BIM技术的绿色建筑能耗评价[J].绿色科技,2017(24):153-154.

[2] 黄文,贾晶.推进绿色建筑发展问题的思考[J].当代经济,2017(36):60-61.

[3] 黄盛.江西住建系统力促绿色发展[J].建材发展导向,2017,15(24):83.

[4] 王红,苏芝兰.基于BIM软件中光热环境下的绿色建筑研究——以贵州喀斯特黔中传统民居为例[J].贵州大学学报(自然科学版),2017,34(06):105-109.

[5] 韩育.BIM技术在可持续绿色建筑全寿命周期中的应用[J].住宅与房地产,2017(35):48-50.

[6] 何继坤.建筑施工技术课程中推广绿色BIM技术的思考[J].绿色环保建材,2017(12):186-187.

[7] 于景晓.BIM技术在吉林省绿色建筑中的应用[J].低碳世界,2017(35):234-235.

[8] 李美华,程子韬.BIM技术助力绿色建筑发展[J].建设科技,2017(23):31-34.

[9] 安晓龙.分析BIM技术在绿色建筑设计中实践应用[J].建材与装饰,2017(49):102-103.

[10] 黄洁宁.基于BIM技术的绿色建筑材料管理体系研究[J].农家参谋,2017(23):216-217.

[11] 范晓东.关于建筑绿色节能中BIM技术理念及应用研究[J].湖北函授大学学报,2016,29(24):97-98.

[12] 钱进 . 上海：《上海市建筑业行业发展报告 (2016 年)》发布 [J]. 工程建设标准化 ,2016(12)：36–37.

[13] 李海文 .BIM 技术在绿色建筑全寿命周期管理中的应用探微 [J]. 中国标准化 ,2016(17)：41–42.

[14] 朱莹 . 谈 BIM 技术在绿色建筑中的应用 [J]. 山西建筑 ,2016,42(36)：198–199.

[15] 李秋全 . 绿色建筑全生命周期中的 BIM 技术应用策略研究 [J]. 现代装饰 (理论),2016(12)：191–192.

[16] 李鹏伟 .BIM 技术在绿色建筑材料管理体系中的构建 [J]. 绿色环保建材 ,2016(11)：3–4.

[17] 张凤友 , 张黎含 .BIM 在绿色建筑中的应用研究 [J]. 建材与装饰 ,2016(48)：13–14.

[18] 刘宇, 陆义. 基于BIM的绿色建筑设计方法研究[J]. 绿色建筑,2016,8(06)：9–13.

[19] 蒋婷 . 试论 BIM 技术在绿色建筑设计中的实践 [J]. 低碳世界 ,2016(32)：180–181.

[20] 张超 . 基于 BIM 技术的建筑热工性能初步分析 [J]. 科技通报 ,2016,32(10)：82–85.